Louis Figuier

LES ARMES
À FEU
PORTATIVES

Les Merveilles de la science

ISBN : 978-1533416551

10 9 8 7 6 5 4 3 2 1

Louis Figuier

LES ARMES
À FEU
PORTATIVES

Les Merveilles de la science

Table de Matières

CHAPITRE PREMIER   6

CHAPITRE II   23

CHAPITRE III   31

CHAPITRE IV   52

CHAPITRE V   67

CHAPITRE VI   84

CHAPITRE PREMIER

LES ARMES À FEU PORTATIVES PENDANT LE XIVE SIÈCLE. — LE
CANON À MAIN. — LA COULEUVRINE À MAIN. — INVENTION
DE L'ARQUEBUSE AU XVIE SIÈCLE. — INVENTION DU BASSINET,
DU COUVRE-BASSINET ET DU SERPENTIN, AU XVIIE SIÈCLE. —
ARQUEBUSES À ROUET ET À MÈCHE. — LE MOUSQUET. — LE
PISTOLET. — LE FUSIL À SILEX. — INVENTION DE LA BAÏONNETTE
AU XVIIE SIÈCLE. — LE FUSIL À BAÏONNETTE ADOPTÉ SOUS
LOUIS XV DANS LES ARMÉES FRANÇAISES.

Dans les premiers temps de l'emploi de la poudre à canon, les armes portatives se confondent avec les pièces de l'artillerie proprement dite. Les armes à feu qui apparurent, pour la première fois, au commencement du xive siècle, étaient posées à terre pour le tir, ou munies d'un petit affût de bois, que l'homme d'armes plaçait sur son épaule droite, et à laquelle il mettait le feu de la main gauche. Dans le premier cas, la pièce s'appelait *bombarde* ; elle était destinée à battre en brèche les murailles, et lançait des boulets de pierre ; dans le second cas elle s'appelait *canon à main* : elle était alors portée et tirée par un ou deux hommes, et lançait des balles de fer.

Nous avons donné, dans la Notice sur l'*artillerie*, la description et la figure du *canon à main* du xive siècle, d'après Valturius. pour rappeler sa forme exacte, nous mettrons sous les yeux du lecteur un autre dessin de Valturius, représentant le *canon à main* (*fig.* 340).

Fig. 340. — Canon à main d'après Valturius.

Nous avons montré également comment le le cavalier tirait le canon à main. La figure 182 montre, d'après Paulus Sanctinus et Marianus Jacobus, un*cavalier tirant un canon à la main*.

Fig. 182. — Cavalier tirant une bombarde à main, d'après le manuscrit de Marianus Jacobus.

Dans un inventaire trouvé aux archives de la ville de Bologne, à la date de 1397, le canon à main est désigné sous le nom de *sclopo* ; d'où l'on a fait plus tard *sclopeto*, puis *escopette*. Vers le milieu du XVe siècle, Paulus Sanctinus désigne, en effet, le cavalier chargé de cet engin par l'expression *Eques scoppetarius*.

La *couleuvrine à main* succéda assez rapidement au canon à main. Elle constituait un progrès, en ce sens que la boîte et la volée ne formaient plus, comme dans la *bombarde* et le *canon à main*, deux parties distinctes, qu'on rapprochait au moment du combat,

CHAPITRE PREMIER

mais se tenaient tout d'une pièce.

Dans le principe, on la fit en bronze ; puis l'industrie se perfectionnant, on put obtenir des couleuvrines en fer forgé d'un seul morceau.

Fig. 341. — Couleuvrine à main du Musée d'artillerie de Paris.

Le *Musée d'artillerie* possède cinq ou six spécimens très-bien conservés de couleuvrines à main.[1] Nous représentons ici (*fig.* 341), l'une des *couleuvrines à main* du Musée d'artillerie. C'est un canon en fer forgé du calibre de $0^m,022$ et de $0^m,87$ de long. On y voit un trou évasé, A, destiné à recevoir de la poudre d'amorce et dans lequel est percée la lumière.

Le caractère principal de cette arme résidait dans sa grande longueur, condition qui était alors jugée nécessaire pour l'augmentation de la portée. En raison de son recul très-prononcé

1 Sur le catalogue du Musée d'artillerie l'une de ces armes est désignée sous le nom d'*arquebuse à croc*. Mais on doit lui laisser le nom de couleuvrine, puisqu'elle ne porte aucun mécanisme pour l'inflammation de la poudre.

Louis Figuier

et du choc qui en résultait, le tireur ne plaçait pas la *couleuvrine à main* contre son épaule. À sa partie antérieure, était attachée une branche de fer, en forme de crochet, que l'on piquait sur un poteau, B, pris comme point d'appui. Le canon était lié à une crosse de bois, C, un peu recourbée, comme le montre la figure 341.

On mettait le feu à la *couleuvrine à main* au moyen d'une mèche. Deux hommes la servaient : l'un la pointait, l'autre l'allumait.

La couleuvrine à main fut en usage pendant la plus grande partie du XVe siècle et les premières années du XVIe. Commines rapporte qu'à la bataille de Morat (1476), les Suisses avaient dans leurs rangs dix mille *couleuvriniers*. Les mêmes hommes d'armes sont cités dans la description de l'entrée de Charles VIII à Florence, en 1494, et dans le récit de la conquête de Gênes, par Louis XII, en 1507. Charles VII avait déjà eu un corps de couleuvriniers à cheval. Ils se servaient de leur arme en l'appuyant sur une fourchette fixée au pommeau de la selle, comme nous l'avons représenté par la figure 182.

Cette arme variait beaucoup dans ses dimensions et son poids : elle avait depuis 1^m,30 jusqu'à 2^m,30 de longueur, et pesait de 5 à 28 kilogrammes. Elle était à crosse ou sans crosse. D'autres, beaucoup plus volumineuses, lançaient des balles de plomb de huit, douze ou treize livres, mais elles rentraient alors dans l'artillerie proprement dite.

La *couleuvrine à main* était d'un emploi compliqué et même impossible dans une foule de circonstances. On songea donc à la rendre plus maniable. On y parvint en augmentant la largeur de la crosse, pour que le tireur pût l'appuyer contre le plastron de sa cuirasse. Elle prit alors le nom de *pétrinal*, ou *poitrinal*.

Mais ainsi disposée, la *couleuvrine à main* était fort gênante, tant à cause de son poids considérable, qu'en raison de la situation particulière imposée au soldat pour en faire usage. On fut obligé de renoncer au *pétrinal*, et d'en revenir aux supports de l'arme à feu. Chaque fantassin fut muni d'une *fourquine*, c'est-à-dire d'un bâton ferré par le bas, qui se terminait en fourchette à la partie supérieure. Quand le soldat voulait tirer, il plantait en terre la *fourquine*, appuyait le bout du canon sur la fourquine, et la crosse de la couleuvrine sur son épaule ; puis il mettait le feu à l'amorce

CHAPITRE PREMIER

avec une mèche allumée d'avance.

Toutes ces armes étaient très-grossières et très-incommodes. Les hommes de guerre étaient forcés d'avoir à leur solde des *goujats*, ou des*varlets*, pour porter la fourquine. En outre, et en raison de leur mauvaise fabrication, les couleuvrines éclataient fréquemment.

Il ne faut donc pas être surpris que les armes à feu fussent encore peu répandues au commencement du XVIe siècle, alors que l'artillerie commençait à prendre une certaine importance, surtout dans la guerre de siège. À cette époque, d'ailleurs, il régnait encore, en France du moins, une véritable répugnance contre les armes à feu portatives. On croyait faire acte de lâcheté en opposant à son ennemi une arme qui tuait à distance et sans danger pour le tireur. De là, l'infériorité notable de l'infanterie française aux premiers temps de l'emploi des armes à feu. La malheureuse bataille de Pavie, en 1525, vint ouvrir les yeux aux chefs des troupes de François Ier. L'honneur de cette journée revint presque tout entier aux arquebusiers espagnols, plus nombreux, plus habiles et mieux armés que les nôtres. Par leur feu rapide et bien dirigé, ils arrêtèrent l'élan de l'impétuosité française, et rendirent inutile la charge brillante que François Ier exécuta à la tête de sa noblesse, et dans laquelle il fut fait prisonnier par les Espagnols.

C'est, en effet, à l'Espagne que l'on doit le premier perfectionnement apporté à la vieille *couleuvrine à main* du Moyen Age, nous voulons parler de l'invention de l'*arquebuse à mèche* (*fig.* 342) qui contient un appareil mécanique pour mettre le feu à la poudre d'amorce.

Cet appareil se compose du *serpentin*, du *bassinet* et du *couvre-bassinet*.

Jusque-là, les armes à feu avaient présenté un inconvénient grave : elles ne pouvaient être amorcées qu'au moment même de s'en servir. Si l'on eût tenu la poudre d'amorce prête longtemps à l'avance, elle aurait pu tomber à terre au moindre mouvement, et le maniement de l'arme ainsi amorcée, aurait toujours été difficile. Ajoutons que le tir n'était jamais sûr, car le soldat, obligé de présenter la mèche pour enflammer la poudre, n'avait plus qu'une main libre pour soutenir la couleuvrine : ce qui nuisait beaucoup à la justesse de son tir. Ce fut donc un grand progrès que celui qui consista à mettre la poudre d'amorce à l'abri de tous les dérangements extérieurs et à

Louis Figuier

en produire mécaniquement l'inflammation.

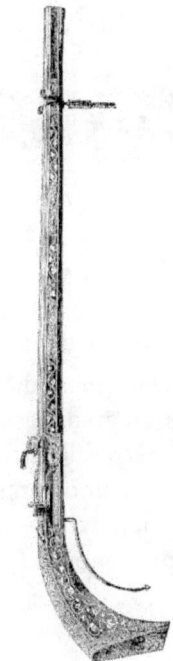

Fig. 342. — Arquebuse à mèche.

Le *serpentin* était une pince longue et recourbée, à laquelle était attachée la mèche. En tirant la gâchette on faisait arriver sur le bassinet le serpentin et la mèche allumée.

Le *bassinet* était un petit godet destiné à contenir la poudre d'amorce : il était muni d'un couvercle, nommé *couvre-bassinet*, qui le fermait hermétiquement, et que l'on découvrait lorsqu'il fallait tirer.

La figure 343 représente le mécanisme de l'*arquebuse* à mèche. La gâchette CD, tirant le levier EFG, et le faisant pivoter sur la goupille F à la manière d'un levier de sonnette, tirait le serpentin A, et amenait doucement, sans secousse, la mèche allumée sur le bassinet H, contenant la poudre d'amorce. Ce bassinet était découvert parce que l'on avait tiré le *couvre-bassinet*, B.

CHAPITRE PREMIER

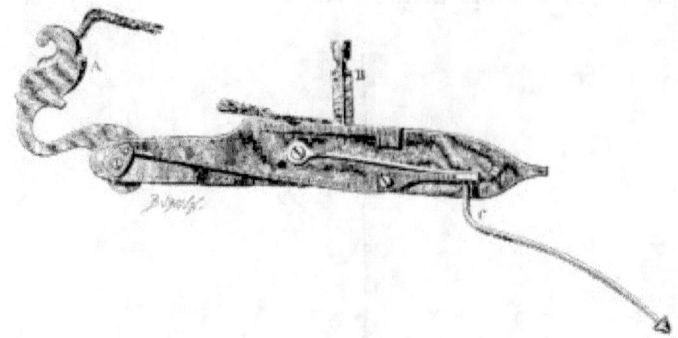

Fig. 343. — Mécanisme de l'arquebuse à mèche.

L'arquebusier plaçait préalablement dans la pince du serpentin le bout de sa mèche allumée, en prenant soin d'en régler la longueur, pour que le contact de la mèche allumée et de la poudre d'amorce se fît très-exactement. C'est ce qu'on appelait *compasser la mèche* ; puis il soufflait dessus pour activer la combustion ; enfin, il découvrait le bassinet. Après quoi, il épaulait, ajustait et tirait en toute tranquillité.

La figure 342 montre l'arquebuse à mèche dans son entier.

Dès les premières années du XVIe siècle, l'*arquebuse à mèche* fut adoptée pour l'infanterie ; mais diverses considérations, entre autres l'obligation de *compasser la mèche*, empêchèrent d'en doter la cavalerie. On lui préféra un mécanisme imaginé en Allemagne, à peu près à la même époque, et qui était connu sous le nom de *platine à rouet*.

Dans cette platine, la mèche était supprimée, et l'inflammation de la poudre était obtenue au moyen d'une matière métallique (alliage de fer et d'antimoine), qui produisait des étincelles en frottant contre une petite roue d'acier, cannelée sur son pourtour, et animée d'un vif mouvement de rotation, par l'action d'un ressort intérieur et d'une détente. La pierre, ou la pièce métallique, était fixée entre deux plaques de fer, dont l'ensemble fut appelé *chien*, parce qu'il figurait grossièrement une mâchoire d'animal. Lorsque le chien était abattu sur la roue d'acier, il était maintenu dans cette position par un ressort coudé, qui déterminait un frottement très-énergique de la pierre contre l'acier et donnait lieu à des étincelles dont l'effet, était d'enflammer la poudre contenue dans le bassinet.

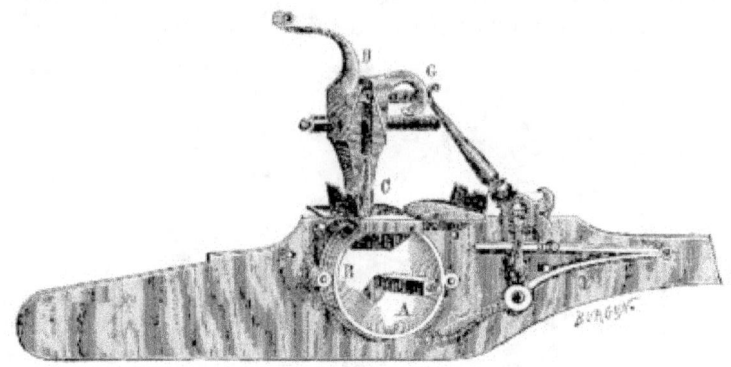

Fig. 344. — Mécanisme de l'arquebuse à rouet.

La figure 344 représente le mécanisme de la *platine à rouet*. L'appareil consiste en une petite roue d'acier B, cannelée sur son pourtour, et qui portait le nom de *rouet*. Cette roue pénètre en partie dans l'intérieur du bassinet C, qui contient la poudre d'amorce, et sur lequel débouche l'orifice de la lumière de l'arquebuse, percée elle-même sur le côté droit du canon. On faisait descendre sur ce bassinet C, le chien D, qui portait entre ses mâchoires une pierre à fusil ou un morceau de composition métallique (combinaison d'antimoine et de fer appelée *pyrite* ou *pyrite d'antimoine*). La pierre à fusil était, de cette manière, mise en contact avec la roue d'acier cannelée, et elle était en même temps très-voisine de la poudre d'amorce. Quand on avait monté un ressort placé à l'intérieur, en tournant la clef, A, et qu'ensuite on venait à détendre ce ressort, en touchant la gâchette de l'arme, aussitôt un mouvement de rotation rapide était imprimé à la roue d'acier, B.[1] Le contact de la roue B et de la pierre C, pendant cette rotation, déterminait un frottement qui faisait jaillir des étincelles, et ces étincelles enflammaient la poudre d'amorce contenue dans le bassinet, C. Un ressort coudé, E, pressait fortement le chien, en agissant sur la partie FG, tige de fer articulée par deux charnières aux points F et G. Par cette pression, le chien était fortement maintenu contre la roue. Cette même tige articulée FG servait à relever le chien quand l'arme était

1 Le mécanisme intérieur, qui faisait partir la détente du ressort, en touchant la gâchette, était assez compliqué. Il n'y aurait aucune utilité à le décrire ici.

CHAPITRE PREMIER

au repos, ou quand on voulait amorcer, nettoyer la roue, etc.

La figure 345 représente l'une des arquebuses à rouet qui font partie de la collection du Musée d'artillerie de Paris.

Fig. 345. — Arquebuse à rouet.

La pluie et le vent étaient sans action sur la platine à rouet ; en outre, le soldat était dispensé de porter du feu sur lui, ce qui amenait une diminution sensible dans le nombre des accidents. Mais ces avantages étaient contre-balancés par des inconvénients assez sérieux. Le mécanisme de la gâchette et celui du rouet étaient compliqués, et se dérangeaient facilement. Pour mettre l'arme en état de tirer, il fallait remonter le ressort moteur du rouet, comme on remonte celui d'une horloge. Cette opération, quoique rapide, n'était pas toujours achevée à temps, lorsqu'on était attaqué à l'improviste. De plus, la petite pièce d'alliage métallique s'usait rapidement et nécessitait de fréquents renouvellements. C'est pour

Louis Figuier

cela que *l'arquebuse à mèche*, quoique plus lourde que *l'arquebuse à rouet*, fut longtemps préférée à la nouvelle venue.

Le premier corps d'arquebusiers à cheval fut créé en France, en 1537, vers la fin du règne de François Iᵉʳ. Dans ses *Mémoires*, du Bellay donne quelques détails sur leur équipement. Il y avait différentes pièces pour recevoir les munitions, et l'ensemble de ces pièces portait le nom de *fourniment*, mot qui est resté dans la langue militaire. C'était un sac pour les balles, une bourse en cuir, pour la poudre de charge, et un amorçoir, contenant la poudre fine d'amorce. Les *fourniments* les plus renommés se fabriquaient à Milan.

Ce fut encore en Espagne que l'on perfectionna l'arquebuse, et qu'on en fit une arme un peu supérieure, qui prit le nom de *mousquet*.

Philippe de Strozzi, colonel-général de l'infanterie française, sous Charles IX, introduisit chez nous cette arme nouvelle, qui était en usage chez les Espagnols depuis le commencement du XVIᵉ siècle.

Le *mousquet* différait de l'arquebuse par la forme de la crosse, qui était presque droite, au lieu d'être fortement recourbée. Les premiers mousquets, encore très-lourds, se tiraient, comme les premières arquebuses, à l'aide d'une fourquine. Mais peu à peu on les rendit assez légers pour que l'on pût débarrasser le soldat de cette fourche si gênante, et le mousquet se tira en appuyant simplement la crosse contre l'épaule. Il y avait des *mousquets à mèche* et des *mousquets à rouet* ; ces derniers étaient employés par la cavalerie.

On donna le nom de *mousquetaires* aux cavaliers qui furent les premiers armés de mousquets.

Les premiers mousquetaires français parurent en 1572. Brantôme raconte que Charles IX, ayant vu des mousquetaires espagnols à la suite du duc d'Albe, de passage en France, fut frappé de leur bonne mine, et ordonna à Strozzi d'en former un corps dans notre armée. Ils portaient la *bandoulière*, à laquelle pendaient, par des cordons, des étuis de cuir, de bois ou de fer-blanc, contenant les charges de poudre faites d'avance. Les deux bouts de la bandoulière se réunissaient sur le côté droit, où ils supportaient le sac à balles et le flasque pour le pulvérin d'amorce.

CHAPITRE PREMIER

Cependant le mousquet était une arme bien lourde encore pour la cavalerie. La nécessité d'alléger cette arme amena l'invention du *pistolet*, ainsi nommé, suivant les uns, parce qu'il fut fabriqué, pour la première fois, à Pistoia (Italie) ; suivant les autres, parce que le canon avait le diamètre exact de la pistole.

Le pistolet n'était autre chose qu'un mousquet de petit calibre, et très-court, afin qu'on pût le tirer à bras tendu. Il fut tout d'abord adopté en Allemagne, où il devint l'arme de cavaliers, désignés sous le nom de *reîtres*.

Les reîtres inaugurèrent, grâce au pistolet, une manière toute nouvelle de combattre. Au lieu de charger en haie, comme les Français, c'est-à-dire sur une seule ligne, avec un intervalle de cinq pas entre chaque homme, les reîtres se massaient en escadrons de quinze ou vingt rangs de profondeur. Chaque rang s'ébranlait l'un après l'autre. Arrivé à portée, le premier rang tirait ; puis, démasquant le second rang, par un mouvement rapide, à droite ou à gauche, il allait se reformer, au galop, à la queue de l'escadron, où chaque cavalier rechargeait son arme. Les autres rangs exécutaient, chacun à son tour, la même manœuvre : c'est ce qu'on appelait, le *limaçon* ou le *caracol*.

Cette tactique était en opposition avec le véritable rôle de la cavalerie, qui est de charger à l'arme blanche, en utilisant son choc. Cependant elle obtint un grand succès sur les champs de bataille. La France, qui venait d'en éprouver les effets à la bataille de Renty, se hâta de l'emprunter aux Allemands, Notre armée eut alors des corps de *pistoliers*.

On voit, au Musée d'artillerie de Paris, de remarquables spécimens des premiers pistolets, c'est-à-dire de ceux du XVIᵉ siècle. Ils sont à rouet et se reconnaissent à leurs grandes dimensions, à la forme arrondie de la crosse, et à l'angle très-prononcé que fait la crosse avec le canon.

Un peu plus tard, sous Henri IV, cette disposition fut modifiée : on plaça la crosse presque en ligne droite avec le canon. En même temps, les dimensions de l'arme furent réduites. Tel fut le pistolet du temps de Louis XIII.

Pendant tout le XVIIᵉ siècle et même une partie du XVIIIᵉ, les Allemands se servirent, pour le mousquet et le pistolet, des platines à rouet. Ils s'ingéniaient à les perfectionner. Tous leurs efforts tendirent à diminuer le volume des pièces composant le mécanisme, et à les faire rentrer le plus possible dans l'intérieur du corps de la platine. À l'origine, en effet, l'appareil était entièrement extérieur, comme dans les armes à mèche.

En 1694, le *mousquet à mèche* était encore en usage parmi les troupes françaises. Saint-Remy en parle en ces termes :

« Les mousquets ordinaires, dit-il, sont du calibre de vingt balles de plomb à la livre, et ils reçoivent le calibre de vingt-deux et vingt-quatre, ce que l'on appelle de France. Le nombre de cette sorte de mousquets est d'ordinaire plus grand que celui des autres armes, parce qu'ils sont absolument nécessaires aux fantassins pour les sièges et les tranchées où il se fait un feu continuel. Ils sont, pour satisfaire à l'ordonnance du roi, de 3 pieds 8 pouces de canon et avec leurs fûts ou montures de 5 pieds, tous montés de bois de noyer, etc. ; leur portée est de 120 à 150 toises. »

Dans la première moitié du XVIIe siècle (on ne sait pas exactement en quelle année), un progrès très-considérable fut réalisé par l'invention de la *platine à silex*. Elle fut d'abord connue sous le nom de *Platine de Miquelet*, parce qu'on la vit pour la première fois, entre les mains des soldats espagnols, connus alors sous le nom de *Miquelets*.

La nouveauté du système consistait dans ce fait, que l'étincelle ne s'obtenait plus par le frottement d'une roue d'acier, comme dans la platine à rouet, mais par le choc d'une pierre à feu, ou *silex*, contre une pièce d'acier, nommée *batterie*, fixée au bassinet par une charnière à ressort. On distinguait deux parties dans la batterie : la *table*, qui servait à fermer le bassinet, et la *face*, destinée à recevoir le choc de la pierre. Au moment du choc, le bassinet se découvrait, et l'étincelle produite enflammait l'amorce, qui communiquait le feu dans le canon par la lumière percée sur le côté. La pierre était serrée entre les mâchoires d'un chien, qui s'abattait sous l'action du doigt pressant une détente.

Excellente dans son principe, cette platine offrait l'inconvénient de se détériorer assez promptement, par la raison que le mécanisme était tout entier placé au dehors. On pouvait donc prévoir le moment où, les pièces susceptibles de se dégrader étant

CHAPITRE PREMIER

rentrées à l'intérieur, on serait enfin en possession d'une arme bien supérieure aux précédentes. En effet, après quelques modifications, parut le *fusil*, ainsi nommé de l'italien *fucile* (pierre), qui fut adopté par l'armée française en 1670.

Les figures 346 et 347 donnent le détail de la platine du fusil à silex.

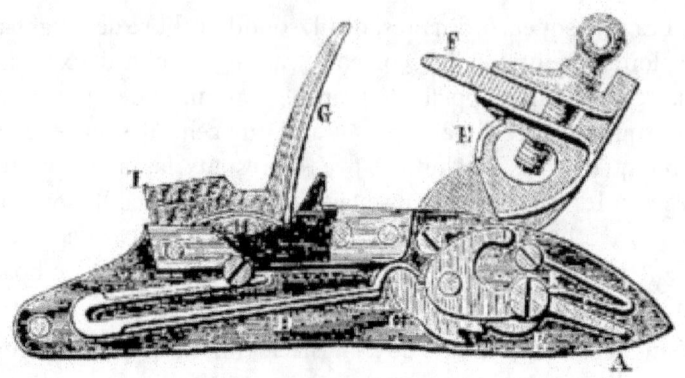

Fig. 346. — Mécanisme du fusil français à silex (côté intérieur caché dans le bois du fusil).

Dans la figure 346, qui représente la platine du fusil vue à l'intérieur, EF est le corps du chien porte-silex, G la batterie, ou *couvre-bassinet* ; H, le bassinet percé d'un trou, c'est-à-dire de la lumière qui doit communiquer le feu à la poudre contenue dans le canon.

Voici le mécanisme qui provoque la chute violente du chien E contre la batterie G. Il y a deux systèmes d'organes : celui qui *arme* le chien, et celui qui le fait partir. L'organe de l'armement est à droite, c'est la *noix*, comme l'appellent les armuriers. Quand on tire sur le chien, on l'amène aux crans d'armement que porte la noix B (*fig*. 346), en surmontant la résistance du ressort coudé K. Quand on veut faire partir le coup, on tire la gâchette. Cette gâchette, qui n'est pas représentée sur la figure, soulève la queue A, laquelle entraîne la noix B portant les crans d'échappement ou de repos. La contre-noix C, dont l'axe reçoit le chien porte-silex EF, s'échappe alors, tirée violemment par le grand ressort coudé D, qui est en prise sur elle, au point C, et le chien EF s'abat vivement. La pierre rencontrant la batterie G, du couvre-bassinet HI, fait feu, et en même temps abattant par son choc toute cette pièce, elle découvre le bassinet H, dans lequel la poudre d'amorce, disposée préalablement, s'enflamme au contact des étincelles jaillissant du silex. Tous ces mouvements sont enfermés dans le bois du fusil.

L'extérieur de la platine est représenté par la figure 347, On y voit les différents organes du mouvement décrit ci-dessus, et en outre un ressort coudé J. Ce ressort presse sur le talon I du couvre-bassinet G, de façon à le maintenir fermé, quand l'arme est au repos.

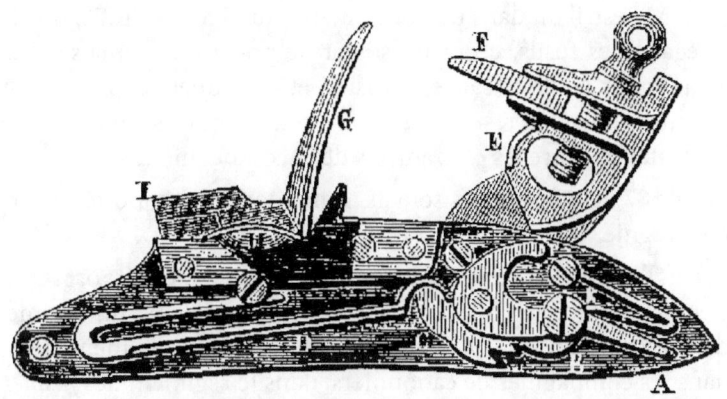

Fig. 347. — Mécanisme du fusil français à silex (côté extérieur).

Ce même ressort est nécessaire pour offrir une certaine résistance à l'action du chien et produire les étincelles par suite du choc du silex F contre la batterie G.

L'adoption du fusil ne se fit pas sans de grandes difficultés de la part des généraux de Louis XIV, qui tenaient bon pour le mousquet, et voulaient à tout prix conserver le mécanisme du rouet.

Une ordonnance du 28 avril 1653 ordonne d'ôter aux soldats :

« Les fusils dont ils sont armés contrairement aux règlements, et de leur donner des mousquets, la plupart des soldats d'infanterie étant à présent armés de fusils au lieu de mousquets suivant

CHAPITRE PREMIER

l'ancien usage, d'où il arrive de grands inconvénients et peut arriver des pertes notables… »

Une autre ordonnance, du 24 décembre de la même année, allait jusqu'à punir de mort les soldats qui ne se seraient pas conformés à cet ordre.

Cet excès de sévérité provenait d'une idée préconçue et d'ailleurs sans fondement ; le fusil étant plus léger que le mousquet, on s'imaginait qu'il devait avoir moins de portée et être moins redoutable dans ses effets que le mousquet. C'est le contraire qui était vrai.

On crut faire une grande concession au progrès, en autorisant l'emploi de quatre fusils par compagnie.

« S. M., est-il dit dans une ordonnance du 6 février 1670, prescrit à l'égard des fusils, qu'aucun soldat ne pourra désormais en être armé, pour quelque cause, occasion et sous quelque prétexte que ce puisse être, à la réserve de quatre soldats qui seront choisis par le capitaine, entre les plus adroits de la compagnie… »

En 1687, le nombre des soldats armés de fusils fut porté à six par compagnie.

Dans l'intervalle, des compagnies de *fusiliers* avaient été organisées pour le service des places fortes, et l'on avait créé un régiment de *fusiliers du roi*. L'usage du fusil s'était propagé en même temps dans les compagnies de canonniers, dans le régiment des *fusiliers-bombardiers* et dans les régiments de *milices*.

En 1692, chaque compagnie de fantassins possédait autant de fusils que de mousquets. Le nombre des *piquiers*, qui jusqu'alors avaient formé la force principale de notre infanterie, fut, à partir de ce moment, considérablement réduit.

Enfin, vers 1700, le fusil remplaça définitivement le mousquet, et la pique ne tarda pas à disparaître.

Le peu de confiance qu'inspirait le fusil dans les premiers temps de son apparition, avait suggéré à Vauban l'idée d'une arme à double fin, qu'il appelait *mousquet-fusil*. Elle était pourvue à la fois de l'ancienne platine à mèche et de la platine à silex. De cette façon, si la pierre à feu n'enflammait pas l'amorce, le soldat avait la ressource de la mèche pour y suppléer. Mais le *mousquet-fusil* fut rarement employé ; les perfectionnements du fusil le firent disparaître sans retour.

Ce qui activa le plus l'adoption du fusil dans les armées européennes, ce fut l'invention de la baïonnette. Le fusil muni de la baïonnette, constitua, tout de suite, un engin terrible, tout à la fois arme de jet et arme d'hast. Dès lors, chaque fantassin valut deux hommes : il fut en même temps *piquier* et *fusilier*.

On croit que le principe de la baïonnette fut emprunté à un simple incident de combat arrivé en 1641, entre des paysans basques et des contrebandiers.

Fig. 348 et 349. — Fusil et baïonnette à douille du temps de Louis XIV.

Les Basques avaient épuisé leurs munitions et se voyaient réduits à l'impuissance, lorsqu'il leur vint une idée désespérée : c'était d'attacher leurs longs couteaux au bout de leurs mousquets. Grâce

CHAPITRE PREMIER

à ce moyen, ils eurent facilement raison de leurs adversaires. Cet événement fit du bruit, et amena à créer la *baïonnette*, qui reçut son nom de la ville de Bayonne, où l'on fabriqua, pour la première fois, ces instruments offensifs.

Dès 1649, on commença à remplacer la pique par une lame de $0^m,32$ de long sur $0^m,005$ de large, fichée dans une hampe en bois. On enfonçait cette hampe dans le canon du mousquet, et l'on s'en servait comme d'une pique. Mais on en retirait peu d'avantages, parce qu'elle empêchait le tir en bouchant le canon, et que, d'ailleurs, sa simple introduction dans le canon du fusil ne l'assujettissait pas avec la solidité suffisante.

En 1691, un perfectionnement de premier ordre vint centupler l'importance de la baïonnette. Le général anglais Mackay imagina la *baïonnette à douille*, qui se fixe au canon extérieurement, et qui permet de tirer même lorsqu'elle est attachée au bout du fusil.

La figure 349 représente la *baïonnette à douille*, telle qu'elle était employée dans l'armée française sous Louis XIV. La figure 348 représente le fusil de la même époque.

Tous les fusils furent pourvus de baïonnettes, sur la proposition et les instances de Vauban, et à partir de ce moment, la pique fut radicalement supprimée dans l'armée française.

Bien que le fusil réalisât un grand progrès sur l'arquebuse et le mousquet, il n'était cependant pas sans défauts. En premier lieu, l'amorce n'était pas encore suffisamment soustraite à l'action du vent et de la pluie ; la lumière se bouchait facilement. Après un petit nombre de coups, la batterie s'encrassait, la pierre également ; par suite, l'étincelle était quelquefois longue à se produire, et les *ratés* se multipliaient. Enfin, la batterie se dérangeait fréquemment, et nécessitait, pour être réparée, la main de l'armurier.

Pendant tout le XVIIIe siècle, on s'attacha à faire disparaître ces divers inconvénients, et l'on finit par amener les armes à silex à un haut degré de perfection.

Le premier modèle réglementaire de notre *fusil de munition* date de 1717 ; il fut conservé, presque sans modification, jusqu'à 1822. À cette époque, une nouvelle arme, le fusil à percussion, remplaça le fusil à silex.

Avant d'aborder l'examen du système percutant, dont l'apparition

Louis Figuier

correspond à une période toute nouvelle et très-importante de l'histoire des armes portatives, nous dirons quelques mots des différents modes qui ont servi, depuis l'invention de l'arquebuse, à opérer le chargement des anciennes armes à feu portatives.

Dans les premières armes à feu, c'est-à-dire les arquebuses et les mousquets, on plaçait dans le canon, d'abord la poudre, puis les balles. On bourrait au moyen d'une baguette de frêne entourée de fil de fer. Cette baguette fut remplacée, au bout d'un certain temps, par une tige de fer. Plus tard, et dans le but d'alléger l'arme, on revint aux baguettes de bois. Mais, en 1741, le prince de Dessau rétablit définitivement les baguettes de fer, qui bourraient plus vite et mieux.

Dans l'origine, la mesure des charges de poudre se faisait au moment même de tirer. À côté des soldats, se trouvaient tout simplement des barils de poudre, dans lesquels chacun allait puiser. Il va sans dire que ce mode par trop élémentaire fut promptement abandonné. On mesura les charges d'avance, et on les renferma dans des étuis de bois ou de métal, suspendus au baudrier du soldat. Chaque homme portait douze charges, dont une de poudre plus fine, pour les amorces.

Cet approvisionnement fut très-suffisant, tant que les armes à feu n'eurent pas reçu une grande extension. Mais l'on dut bientôt songer à l'augmenter, sans pourtant qu'il devînt une cause d'embarras. C'est alors que fut inventée la *cartouche*. Les Espagnols en firent, dit-on, usage dès 1567 ; mais elle ne fut adoptée en France qu'en 1644. On prit en même temps la giberne, qui avait été inventée par Gustave-Adolphe, et que les Suédois employaient depuis 1630. À partir de cette époque, jusqu'au XIXᵉ siècle, bien peu de changements furent introduits dans cette partie de la pratique du tir.

CHAPITRE II

DÉCOUVERTE DES FULMINATES. — LEUR APPLICATION AUX AMORCES DES ARMES PORTATIVES. — LE FUSIL À PERCUSSION. — LES CAPSULES ET LEUR FABRICATION. — ADOPTION DU FUSIL À PERCUSSION DANS LES ARMÉES EUROPÉENNES.

Jusqu'ici les progrès des armes portatives ont été dus surtout aux arts mécaniques. Nous allons voir la chimie entrer dans la même voie et, par la découverte des *poudres fulminantes*, ouvrir des horizons plus vastes à la science de la guerre.

Les premières recherches chimiques relatives aux composés détonants, remontent à l'année 1699 : elles sont dues à Pierre Boulduc. Peu de temps après, de 1712 à 1714, Nicolas Lemery fit sur le même sujet, des recherches que l'on trouve consignées dans les *Mémoires de l'Académie royale des Sciences*.

Une longue période s'écoule ensuite avant les travaux de Bayen, pharmacien en chef des armées sous Louis XV, qui fit connaître, en 1774, le *fulminate de mercure* et ses propriétés explosives. On n'eut pas l'idée, à cette époque, d'employer ce fulminate, d'une manière quelconque, dans les armes à feu. Ce n'est qu'après les recherches de Fourcroy et de Vauquelin sur le même sujet, et surtout après celles de Berthollet entreprises en 1788, pour remplacer le salpêtre de la poudre à canon par le chlorate de potasse, que l'attention des chimistes se tourna de ce côté.

Nous avons raconté, dans la Notice sur *Les Poudres de guerre*, les efforts de Berthollet pour remplacer le salpêtre par le chlorate de potasse, dans la composition de la poudre à canon. Nous avons dit qu'il dut renoncer à son projet, après deux explosions successives, qui manifestaient avec une cruelle évidence les dangers du nouveau sel. Toutefois, Berthollet ne renonça pas entièrement à ce genre de recherches. Il reprit l'étude des fulminates, et découvrit l'*argent fulminant*.

Dès que cette préparation fut connue, on se hâta d'en faire l'application à la pyrotechnie, et après quelques essais, au service des armes à feu. Mais l'extrême instabilité du fulminate d'argent, la facilité avec laquelle il détone sous l'influence du plus léger choc ou de la moindre élévation subite de température, firent restreindre l'application de ce sel aux feux d'artifice.

Après la découverte de l'argent fulminant par Berthollet, un certain nombre de savants s'ingénièrent à trouver de nouvelles compositions fulminantes. On proposa, à de courts intervalles : le mélange du chlorate de potasse avec un corps combustible, celui du chlorate d'argent avec le soufre, le mélange de l'iodate de

Louis Figuier

potasse avec le soufre, les ammoniures d'or, d'argent, etc.

Enfin, en 1800, l'Anglais Howard, reprenant les expériences de Fourcroy et Vauquelin sur les fulminates, réussit à préparer une poudre extrêmement explosible, composée de fulminate de mercure et de salpêtre, qui possédait toutes les qualités requises pour remplacer la poudre d'amorce dans les armes à feu.

Le fulminate de mercure, qui a porté longtemps le nom de *poudre de Howard*, est formé par la combinaison d'un oxacide du cyanogène (Cy^2O^2), nommé *acide fulminique*, avec le protoxyde de mercure. Sa formule chimique est $(HgO)^2, Cy^2O^2$. Son analogue, le *fulminate d'argent*, est formé par la combinaison de l'acide fulminique avec le protoxyde d'argent, comme l'indique sa formule $(AgO)^2, Cy^2O^2$. Ces deux sels s'obtiennent en traitant l'alcool par l'acide azotique en présence du métal.

Pour préparer le fulminate de mercure, on dissout 1 partie de mercure dans 12 parties d'acide azotique, à 38 ou 40° de l'aréomètre de Baumé, et l'on ajoute peu à peu à la liqueur, 11 parties d'alcool, à 85 ou 88° centésimaux ; puis on fait chauffer le mélange au bain-marie, jusqu'à ce qu'il se produise des vapeurs blanches et épaisses. Par le refroidissement, on voit se déposer de petits cristaux, d'un blanc jaunâtre, qu'on lave à l'eau froide et qu'on sèche ensuite avec précaution. La substance ainsi obtenue est le *mercure fulminant*.

On prépare le fulminate d'argent en faisant dissoudre l'argent pur dans de l'acide azotique ; on l'additionne d'alcool et l'on fait chauffer la liqueur acide. Les mêmes réactions se produisent, et la poudre blanche qui reste après le refroidissement, est le fulminate d'argent.

Ces poudres sont des plus dangereuses à manier : elles détonent avec une extrême violence et peuvent occasionner de terribles accidents. Le plus léger frottement suffit pour en provoquer l'explosion ; aussi ne les touche-t-on qu'avec des baguettes de bois tendre, ou des cuillers en papier. Plusieurs chimistes ont été tués, ou horriblement mutilés, faute d'avoir pris les précautions suffisantes dans la préparation de ces produits.

En 1808, Barruel, préparateur du cours de chimie de M. Thénard, à la Faculté des sciences de Paris, eut la main droite à moitié emportée par la détonation d'un peu de fulminate de mercure, qu'il avait l'imprudence de broyer dans un mortier d'agate.

En 1809, mon oncle, Pierre Figuier, professeur de chimie à l'École de pharmacie de Montpellier, à qui l'on doit la découverte des propriétés décolorantes du charbon animal, découverte qui seule a permis de créer l'industrie des sucres de betterave en Europe, et une foule d'industries chimiques secondaires, fut victime d'un accident semblable. Il avait préparé, pour son cours, trois ou quatre grammes de fulminate d'argent, alors nouvellement découvert, et qui fixait en ce moment l'attention des hommes de l'art. Il plaça le sel desséché dans un flacon de verre, qu'il ferma avec un bouchon de liège. Quelques parcelles de fulminate étaient restées sur le goulot du flacon ; la faible chaleur développée par le frottement du bouchon contre le goulot, provoqua la détonation de ces quelques grains de fulminate, et par la violence de l'explosion, le malheureux chimiste eut l'œil droit arraché de son orbite.

Un de ses collègues de l'École de pharmacie, Virenque, qui avait peu de science, mais quelque esprit, disait le lendemain, à propos de cet accident : « Le professeur Figuier fait de la chimie à perte de vue ! »

En 1830, Bellot, ancien élève de l'École polytechnique, fut horriblement mutilé par une semblable détonation.

En 1845, Julien Leroy, fabricant de poudre, venait de préparer du fulminate de mercure, destiné à une composition de feu d'artifice. Par une imprudence fatale, il remua le fulminate avec la pointe d'une vieille baïonnette. Bien que le sel fût encore humide, la chaleur résultant de cette friction provoqua une explosion qui le tua sur la place.

M. Davanne a raconté, en 1868, à la *Société de photographie*, un accident très-grave arrivé à un photographe, dans des conditions assez singulières. Ce photographe avait fait du fulminate d'argent, comme M. Jourdain faisait de la prose : sans le savoir. Pour extraire l'argent du résidu de ses opérations, il avait précipité par l'ammoniaque, une dissolution d'azotate d'argent, mêlée sans doute de cyanure de potassium ou de cyanate alcalin ; il s'était produit ainsi de l'ammoniure d'argent, ou de l'argent fulminant, et l'opérateur était à cent lieues de se douter de l'existence de ce redoutable produit. L'événement ne le prouva que trop. Comme il

Louis Figuier

continuait de chauffer la capsule de porcelaine, pour évaporer le produit à siccité, une explosion survint. Le malheureux praticien perdit un œil ; le second fut très-gravement affecté ; la main et le bras furent horriblement déchirés.

C'est qu'en effet, la force d'expansion des fulminates est bien supérieure à celle de la meilleure poudre à canon. Placés sous une boule creuse de cuivre, ils la chassent à une hauteur vingt à trente fois plus grande. Aussi leur emploi comme amorces, dans les armes, a-t-elle permis de diminuer la charge de poudre dans une notable proportion. La charge de poudre n'est dans les fusils à percussion, que les 85 centièmes de ce qu'elle était dans les anciens fusils à silex.

Le fulminate de mercure est employé dans la confection de quelques joujoux, qui ne sont pas toujours sans danger. Tels sont les *pois fulminants*, qui éclatent sous la simple pression du pied ; — les *bombes fulminantes*, qu'on fait détoner en les jetant par terre avec force ; — les *bonbons à la cosaque*, formés de deux bandes étroites de parchemin, entre lesquelles est placée une parcelle de fulminate de mercure, avec quelques grains de sable ou de verre pilé ; lorsqu'on tire ces deux bandes en sens contraire, le frottement du sable ou du verre contre la poudre, suffit pour en déterminer l'explosion. — Dans la même catégorie de produits, se rangent les bandes de papier fulminant que quelques voyageurs à l'esprit ingénieux fixent à la porte de leur chambre à coucher, afin d'être réveillés par le bruit de la détonation, si l'on entre chez eux pendant la nuit.

Le fulminate de mercure est le seul en usage pour la fabrication des amorces ; mais il n'entre pas exclusivement dans leur composition. On a soin de modérer ses effets brisants par l'adjonction d'une certaine quantité de salpêtre. La proportion du mélange est de 2 parties de fulminate de mercure pour 1 de salpêtre. On peut, d'ailleurs, faire varier ce rapport de manière à obtenir des mélanges qui détonent plus ou moins facilement, suivant la nature de l'arme. Pour les armes de guerre, on s'en tient aux proportions que nous venons d'indiquer.

Pour préparer la pâte des amorces, on opère de la manière suivante.

CHAPITRE II

On ajoute d'abord au fulminate de mercure, 30 pour 100 d'eau, afin de pouvoir le manipuler sans danger ; car, dans cet état d'humidité, il ne détone pas, ou ne détone que partiellement. Puis on le broie sur une table de marbre, avec une molette de bois, en le mélangeant de la moitié de son poids de nitre, ou de *pulvérin* (poussier de poudre à canon). On obtient ainsi une pâte assez consistante, qu'il ne s'agit plus que de façonner en boulettes. À cet effet, on la passe dans un crible très-fin, alors qu'elle est encore humide, et on l'agite ensuite dans un bocal de verre, auquel on imprime un mouvement de rotation, jusqu'à ce que la poudre se soit mise en grains de la grosseur que l'on désire. Pour mettre ces globules à l'abri de l'humidité, on les enduit d'un vernis, formé d'une dissolution de gomme laque blonde dans l'alcool, ou de mastic dans l'essence de térébenthine ; la cire pure est aussi excellente pour cet objet.

Ce sont ces petits grains de fulminate qui, sous l'action du choc, s'enflamment et remplacent le feu de l'ancienne poudre d'amorce.

L'emploi du fulminate de mercure comme amorce, a été, avons-nous dit, l'origine de l'invention du *fusil à percussion*. C'est un armurier écossais, nommé Forsith, qui eut le premier l'idée de fabriquer un fusil fondé sur la propriété des composés fulminants, de s'enflammer par le choc. C'est en 1807 que Forsith prit son premier brevet pour le *fusil à percussion* ; mais il rencontra beaucoup de difficultés pour le faire adopter. Il ne dépensa pas moins de 250 000 francs, pour faire connaître cette arme nouvelle et en prouver tous les avantages.

L'année suivante, en 1808, Pauly, né à Genève, mais établi à Paris, comme armurier, imagina un autre fusil à percussion, qui différait d'une manière assez notable de celui de Forsith. Cette arme se chargeait par la culasse, et la cartouche portait à son extrémité, une amorce fulminante, composée d'une petite lentille de fulminate de mercure. Le jeu de la détente lançait une petite tige de fer, qui venait frapper l'amorce et l'enflammait. C'était là, comme nous le verrons plus loin, le principe et le début du fusil à aiguille.

Comme ce premier modèle laissait beaucoup à désirer, il fut abandonné. Mais, trente ans plus tard, il devait reparaître sous le nom de *fusil à aiguille*.

En 1812, le même armurier Pauly inventa une nouvelle

disposition, qui n'était autre chose que le *fusil à percussion*, qui devait si longtemps demeurer en faveur.

Pauly supprima tout l'ancien système de la batterie du fusil à silex : le chien, la batterie, le bassinet. Tout se réduisit à un simple tuyau d'acier, nommé *cheminée*, communiquant avec la lumière. Au lieu et place du chien des armes à silex, était un petit marteau, de forme recourbée, terminé par une tête cylindrique. Le choc de ce petit marteau sur un grain d'amorce, que l'on posait avec précaution sur l'orifice supérieur de la cheminée, déterminait l'inflammation de la charge. En pressant du doigt la gâchette, on faisait tomber le marteau.

Ce système, dit *à percussion*, et nommé quelquefois, improprement, *à piston*, à cause de la forme du marteau, offrait certains inconvénients. Lors du tir, il y avait un crachement des éclats de l'amorce, qui le rendait dangereux ; puis l'amorce, simplement posée sur la cheminée, s'échappait souvent sans qu'on s'en aperçût, ce qui produisait de nombreux *ratés*. Néanmoins l'élan était donné ; tous les esprits se tournèrent vers l'étude des armes à percussion ; si bien que, dès 1820, c'étaient les seules armes usitées à la chasse.

En 1818, un armurier anglais, Joseph Eggs, imagina de placer la composition fulminante au fond d'une petite cuvette en cuivre rouge ; et la *capsule* fut inventée. Un an après, M. Deqouhert, arquebusier, l'importait en France.

Quoique minime en apparence, cette invention eut un grand résultat, car elle détermina l'application du système percutant aux armes de guerre.

Quelques détails sur la préparation et le remplissage des capsules fulminantes ne seront pas inutiles. Nous dirons comment on procède pour les fabriquer dans les établissements de l'Etat.

Les capsules sont, comme chacun le sait, de petits cylindres en cuivre rouge, ouverts d'un côté, fermés de l'autre. Quelques fentes sont pratiquées symétriquement sur le rebord ; elles ont pour objet de prévenir les éclats, en permettant au métal de se dilater au moment de l'explosion.

Le cuivre rouge est le métal exclusivement employé pour la confection de ces petits cylindres. Ce métal possède une ténacité

CHAPITRE II

et une malléabilité remarquables, et son inaltérabilité dans l'air sec, le recommande tout spécialement pour cet usage.

La première opération pour fabriquer les capsules, consiste à découper les feuilles de cuivre (préalablement bien examinées, pour s'assurer de leurs bonnes qualités physiques), en rubans de $0^m,020$ de large. Ces rubans sont ensuite passés au laminoir, et leur épaisseur réduite à un demi-millimètre ; puis on les recuit, pour leur rendre leur malléabilité, on les décape par un acide faible, on les lave à l'eau pure, et on les enduit d'huile de pied de bœuf.

La confection des petites alvéoles de cuivre qui constituent la capsule, comprend trois opérations distinctes, qui se font presque simultanément par le secours d'une machine très-ingénieuse. Cette machine découpe le flan, ou étoile, à six branches, emboutit le flan, enfin rabat les bords, et les découpe concentriquement.

Ces manipulations mécaniques s'accomplissent à la *capsulerie* qui est établie à l'intérieur de Paris. La charge de la capsule se fait à l'usine de Montreuil-sous-bois, où se prépare le fulminate, par le procédé chimique décrit plus haut. Avec 1 250 grammes de fulminate, provenant d'un kilogramme de mercure, on peut confectionner 40 000 amorces. Chaque capsule renferme 3 centigrammes de fulminate de mercure, et 1 centigramme environ de vernis recouvrant ce sel.

On exécute le remplissage des capsules en les posant sur des planchettes en bois, percées chacune de 500 trous, qui peuvent recevoir autant de capsules. À l'aide d'une pipette, on verse dans chacune une goutte de fulminate de mercure. Ensuite on y dépose une goutte de vernis. Après quoi, on fait sécher les capsules dans une étuve, et on les met en sacs de 10 000, pour être expédiées aux magasins de l'Administration de la guerre.

Avant d'être livrées, les amorces ont été soumises à diverses épreuves. On a vérifié leurs dimensions ; on a examiné si le mélange fulminant est solidement fixé dans l'alvéole ; enfin, on les a plongées pendant cinq minutes dans l'eau, pour constater la résistance du vernis. Le vernis ne doit pas être altéré par ce séjour dans l'eau. On a également expérimenté leurs bonnes qualités : sur 100 coups tirés à titre d'essai, sur la cheminée d'une arme à feu, le nombre des *ratés* ne doit pas dépasser 4.

Louis Figuier

Nous n'avons pas besoin de dire que l'explosion des fabriques d'amorces fulminantes est chose assez commune. Aussi oblige-t-on les fabricants à se tenir dans des lieux éloignés de toute habitation, à ne préparer à la fois que de petites quantités de matière, et à ne conserver aucun approvisionnement.

Une fabrique de capsules fulminantes située à Ivry, près de Paris, fut entièrement détruite par l'explosion de quelques kilogrammes de fulminate de mercure.

Hennell, chimiste anglais d'un certain renom, périt victime d'un accident de ce genre. Un industriel anglais, nommé Dymon, avait traité avec la Compagnie des Indes, pour la fabrication d'une quantité considérable d'obus contenant du fulminate de mercure. Comme il ne pouvait préparer lui-même, dans le délai convenu, tout le fulminate qu'il devait livrer, il s'était adressé à Hennell, pour le charger de préparer le reste du composé fulminant. Pour travailler à cette œuvre périlleuse, Hennell s'était établi seul, dans un petit bâtiment séparé de la fabrique. Le 5 juin 1842, le fulminate était obtenu, séché, et il ne restait plus qu'à le mêler à une autre substance que M. Dymon prépare lui-même, et qui paraît constituer le secret de ses obus, lorsqu'un accident, qu'on ne peut expliquer, puisque le seul témoin a disparu, provoqua l'explosion de toutes ces matières. Le bâtiment fut détruit ; les tuiles, les briques, les charpentes, furent lancées au loin, et l'on ne retrouva que des débris mutilés du corps de l'infortuné chimiste.

CHAPITRE III

ARMES PORTATIVES À BALLE FORCÉE. — TRAVAUX DE M. DELVIGNE. — LA CARABINE DELVIGNE. — LA CARABINE À LA PONCHARRA. — LE FUSIL À TIGE. — PERFECTIONNEMENT APPORTÉ PAR M. MINIÉ À LA CARABINE À TIGE. — LA BALLE CYLINDRO-OGIVALE. — LA BALLE À CULOT. — LES BALLES EXPLOSIBLES.

L'année 1826 marque une date fondamentale dans l'histoire des progrès des armes portatives. C'est, en effet, en 1826, que M. Gustave Delvigne, alors sous-lieutenant au 2e régiment d'infanterie de la garde royale, fit connaître une idée, qui, après des perfectionnements sans nombre, devait transformer radicalement le système d'armement du monde civilisé. Le fusil rayé entrait dans le domaine de la pratique.

Depuis longtemps déjà, on connaissait les armes portatives rayées. On avait même créé pour ces armes, une désignation spéciale : on les nommait *carabines*. Imaginées en Allemagne, à la fin du xve siècle, elles n'avaient jamais cessé d'y être en usage depuis cette époque.

Gaspard Zollner, de Vienne, eut, dit-on, le mérite de cette invention. Il songea, le premier, à pratiquer dans l'intérieur des armes à feu des rayures droites, c'est-à-dire parallèles entre elles et à l'axe du canon. Mais, d'après ce que nous avons dit, en donnant, dans la Notice sur L'Artillerie ancienne et moderne, la théorie des armes rayées, les rayures droites étaient sans effet, parce qu'elles ne pouvaient provoquer le mouvement de rotation du projectile de manière à maintenir sa direction toujours dans le sens de l'axe de l'arme, et qu'ainsi elles ne s'opposaient nullement à la déviation de la balle par la résistance de l'air.

On en vint donc bientôt à substituer aux rayures droites des rayures inclinées, en d'autres termes, à tracer dans l'intérieur du canon, un sillon hélicoïdal, qui forçait le projectile à prendre un mouvement de rotation à l'intérieur de l'arme et au dehors, assurait son trajet dans le sens exact de l'axe du canon, et le plaçait, par conséquent, dans les conditions les plus favorables pour échapper à la déviation par la résistance de l'air. D'après l'opinion la plus généralement admise, l'invention des rayures inclinées doit être attribuée à Auguste Kotter, de Nuremberg, qui l'aurait imaginée dans la première moitié du xvie siècle.

Tandis que l'Allemagne, la Pologne, la Russie, la Suède, armaient des régiments entiers de carabines, la France ne se montrait nullement empressée de suivre cet exemple. Si la carabine de ce temps avait l'avantage d'une certaine précision de tir, elle présentait, d'un autre côté, des inconvénients sérieux. On employait des balles d'un calibre supérieur à celui de l'arme, et on les faisait entrer de force dans le canon, à coups de maillet, en frappant sur une baguette de fer, en d'autres termes, on chargeait la carabine *à balle*

Louis Figuier

forcée. Or, le chargement au maillet, étant quatre fois plus long que le procédé ordinaire, était peu praticable en face de l'ennemi. De plus, il était incompatible avec l'usage de la baïonnette. On ne doit donc pas s'étonner que la carabine ait trouvé peu d'accueil chez notre nation, dont le caractère saillant, à la guerre, est la vivacité dans les mouvements et la promptitude dans l'attaque.

On peut pourtant se convaincre, par l'examen des collections du Musée d'artillerie de Paris, que la carabine de guerre ne fut pas totalement délaissée en France. On trouve, à ce Musée, 343 armes rayées, de diverses époques, dont 1 à mèche, 225 à rouet, 112 à batterie à silex, et 5 à percussion.

Le premier modèle d'armes rayées, adopté en France, remonte à 1793 : il porte le nom de *carabine de Versailles*. L'âme de cette carabine était sillonnée de sept rayures hélicoïdales, d'une profondeur de 6 à 8 dixièmes de millimètre seulement. La bouche en était évasée, pour faciliter le chargement, qui se faisait à balle forcée, et de la façon suivante. On enveloppait la balle d'un *calepin* (morceau de peau ou d'étoffe coupé en rond, et enduit d'une substance grasse, pour faciliter le glissement du projectile dans le canon) ; puis on la frappait à l'aide de la baguette et du maillet. Elle prenait ainsi l'empreinte des rayures, ne pouvait s'échapper qu'en suivant le pas de l'hélice, et sortait avec un rapide mouvement de rotation sur elle-même.

Les inconvénients que nous venons de signaler, quant à l'usage à la guerre, des armes à balle forcée par le maillet, subsistaient dans la *carabine de Versailles* ; aussi cette arme fut-elle abandonnée en France douze ans à peine après son adoption, c'est-à-dire en 1805.

Ce fut l'invention propre et fondamentale de M. Delvigne, de trouver une méthode pour forcer la balle dans la carabine, spontanément, c'est-à-dire sans l'emploi du maillet. Mais avant de faire connaître le mode de forcement de la balle, qui constitue l'invention de M. Delvigne, il est bon d'énumérer les systèmes divers que l'on connaissait avant lui, pour arriver au même résultat.

Ces systèmes étaient au nombre de cinq :

1° Le chargement au maillet, sur lequel nous n'avons pas à revenir.

2° Le chargement par la culasse, que nous ne voulons qu'indiquer pour le moment, parce que les armes de ce système feront l'objet

CHAPITRE III

d'un chapitre spécial. La balle se plaçait dans une chambre pratiquée à la partie postérieure de la culasse ; comme cette balle était, ainsi que dans le cas précédent, d'un diamètre supérieur au calibre de l'arme, elle se trouvait forcée naturellement par l'explosion de la poudre. Ce procédé était rapide, mais il avait l'inconvénient de donner encore du *vent*, c'est-à-dire de laisser fuir une partie des gaz provenant de la combustion de la poudre.

3° L'emploi d'un projectile de calibre moindre que celui du canon, mais enveloppé d'une étoffe graissée, qui entrait dans les rayures et produisait le forcement, sans que la balle eût à subir de déformation.

4° L'usage d'une balle munie d'un appendice extérieur, en forme d'anneau ou d'ailettes, lequel forçait le projectile à suivre les rayures, en s'y engageant lui-même.

5° Enfin, l'emploi d'une arme, dont le calibre reproduisait exactement la forme particulière de la balle. Ce dernier système remonte à une époque fort ancienne. Il existe au Musée d'artillerie de Paris, plusieurs carabines du temps de Charles IX, dont la section transversale est un carré assez compliqué ; sur le milieu de chaque côté sont de petites rigoles demi-cylindriques. On y voit aussi une arme ayant appartenu à Louis XIII, dont le canon a la forme d'un trèfle. D'autres carabines ont pour section un polygone régulier : hexagone, octogone, etc. M. Whitworth, lorsqu'il a présenté sa carabine à section hexagonale, ainsi que ses canons de la même section, n'a donc fait que ressusciter un très-vieux moyen.

Ces différents modes de chargement laissaient beaucoup à désirer ; aucun n'avait pu être adopté ou maintenu, car aucun ne réunissait les conditions essentielles de tout bon forcement. Ces conditions sont les suivantes :

1° Le forcement doit être assuré, c'est-à-dire que la balle doit pénétrer suffisamment dans les rayures, pour ne pas s'en dégager au moment du tir.

2° Il doit être complet, c'est-à-dire qu'aucun jour ne doit exister entre le pourtour de la balle et les parois du canon, condition sans laquelle les gaz exerceraient une pression inégale sur les différentes parties de la surface du projectile, et le dévieraient de sa direction.

3° Enfin, il doit être régulier, c'est-à-dire s'effectuer constamment

Louis Figuier

de la même manière, pour que le tir soit lui-même très-régulier.

Tout cela posé, arrivons à l'invention de M. Delvigne.

Frappé des inconvénients des divers modes de chargement jusqu'alors en usage pour les armes rayées, cet officier eut l'idée de pratiquer au fond de l'âme, une chambre cylindrique, plus étroite que le canon, et destinée à recevoir la poudre. Il forma ainsi, à l'orifice supérieur de la chambre, un rebord saillant, ou ressaut, dont il eut soin de faire tomber l'arête vive par une fraisure conique, en rapport avec le diamètre de la balle, Quant à la balle, il lui donna très-peu de vent, mais la choisit pourtant d'un calibre assez faible pour qu'elle pût glisser librement jusqu'au fond du canon, à l'entrée de la chambre, où elle trouvait un point d'appui solide sur le rebord fraisé. Il suffisait ensuite de deux ou trois coups de baguette pour la comprimer fortement, l'aplatir, et l'engager dans les rayures, en un mot pour la forcer d'une manière suffisante.

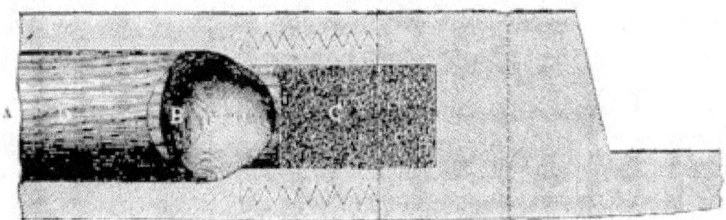

Fig. 350. — Section longitudinale de la carabine Delvigne.

La figure 350 représente une coupe longitudinale de l'âme de la carabine Delvigne à balle forcée. On voit sur cette figure l'extrémité de la baguette, A, qui, en frappant sur la balle B, produit le forcement, ainsi que les dimensions respectives de la chambre à poudre C et de l'âme de la carabine D.

M. Delvigne présenta sa carabine au Ministre de la guerre, qui la renvoya à l'examen d'une commission militaire. Les membres de cette commission furent d'avis qu'elle n'était pas susceptible de satisfaire à un service de guerre, et qu'on ne pouvait songer à en doter l'armée. Ils se fondaient sur les motifs suivants :

En premier lieu, sous le choc de la baguette, une partie de la balle pénétrait dans la chambre, en écrasant plus ou moins, les

CHAPITRE III

grains de poudre. Il en résultait que le plomb, trouvant une issue de ce côté, ne pénétrait qu'imparfaitement dans les rayures ; d'où un forcement incomplet, et par conséquent une déviation dans le tir.

De plus, la balle s'aplatissant inégalement, son centre de gravité se trouvait jeté en dehors de l'axe du canon, décrivait une hélice, au lieu de suivre une ligne droite, dans l'intérieur de l'âme, et en sortait suivant une tangente à cette hélice ; d'où une seconde cause de déviation. Enfin les rayures s'encrassaient rapidement, le chargement devenait difficile, et après un petit nombre de coups, l'arme perdait beaucoup de sa précision.

Malgré ces inconvénients, qui pouvaient être atténués par des études nouvelles, la carabine Delvigne n'en était pas moins un grand progrès. Elle était inférieure, il est vrai, sous le rapport de la justesse du tir, aux anciennes carabines chargées au maillet ; mais elle était supérieure au fusil d'infanterie dans le rapport de 3 à 2. On peut donc s'étonner que la commission se soit montrée aussi sévère à l'égard d'une invention qui aurait mérité les encouragements les plus sérieux.

M. Delvigne ne se tint pas pour battu. Dès cette époque, il entama, dans les journaux et dans différentes brochures, une polémique qui se termina par le triomphe de ses idées. L'auteur a raconté avec beaucoup de verve, dans une Notice publiée en 1860,[1] la longue odyssée de ses démarches, de ses efforts, de ses combats, comme aussi de ses déboires.

Fig. 351. — Le capitaine Delvigne.

---

1 *Notice historique sur l'expérimentation et l'adoption des armes rayées à projectiles allongés*, Paris, in-8, 1860.

Louis Figuier

Cependant il continuait ses travaux. Outre les reproches faits à sa carabine, et que nous avons énoncés plus haut, on lui opposait, comme une fin de non-recevoir inexorable, le défaut de portée de sa carabine. Il est certain que la carabine Delvigne, comme toutes les armes rayées de cette époque, portait moins loin que les armes lisses de même calibre. Cela est même incontestable en principe, pour toutes les armes rayées, même les plus perfectionnées, comparées aux armes à canon lisse. On le comprendra sans peine si l'on réfléchit que la rayure, créant un obstacle au départ du projectile, nécessiterait une augmentation de la charge de poudre pour accroître la force d'impulsion ; mais cette augmentation de charge ne saurait être tentée sans alourdir la carabine ou la faire éclater. Par conséquent la portée, à calibre égal, doit être moindre dans une arme rayée que dans une arme à canon lisse.

M. Delvigne songea pourtant à obtenir une portée plus considérable, non par l'augmentation de la charge de poudre, ce qu'il savait impossible, mais en prenant un projectile plus gros. De cette augmentation de la masse du projectile devait résulter l'effet cherché, parce que la balle plus lourde combattrait mieux la résistance de l'air.

La forme cylindrique allongée fut celle que M. Delvigne adopta pour le nouveau projectile de sa carabine. Il fallait seulement être bien sûr que la balle présenterait à l'air sa pointe, comme cela arrive avec la flèche.

Après de nombreuses expériences, M. Delvigne s'assura que cette dernière condition était parfaitement remplie. Il obtenait avec le projectile allongé de fort belles portées.

Toutefois, il reconnut, en même temps, que cette innovation n'était pas applicable au fusil de munition alors en usage, parce que le recul d'une arme de ce calibre était trop violent, et qu'il était impossible d'augmenter le poids des cartouches portées par le soldat. Il suffit de dire, pour justifier cette dernière remarque, que le projectile allongé de M. Delvigne pesait de 60 à 70 grammes, tandis que la balle du fusil de munition ne pesait que 25 grammes.

M. Delvigne fut donc obligé de réduire les dimensions de sa carabine, pour en faire un *fusil rayé* à l'usage des troupes. Il lui donna le calibre de 15^{mm} (celui du fusil ordinaire était de 17^{mm},5), le poids de 3 kilogrammes et demi, et le munit de projectiles cylindro-coniques, ne pesant pas plus de 25 grammes, comme la balle sphérique du fusil de munition.

Quoique son calibre fût de 2 millimètres et demi plus petit que celui du fusil de munition, cette arme se trouva lui être supérieure sous le rapport de la justesse et de la portée.

M. Delvigne présenta alors son *fusil rayé* à deux généraux d'artillerie. Ces officiers le déclarèrent *absurde et inadmissible*.

Sur ces entrefaites, arriva l'expédition d'Alger. M. Delvigne saisit avec empressement cette occasion de faire expérimenter son système. Il y parvint, mais, comme on va le voir, par un moyen détourné.

On avait refusé d'admettre son fusil rayé pour l'armement de quelques compagnies, mais on consentit à essayer ce système pour le siège de la place, ou pour faire sauter les caissons de poudre de l'ennemi. M. Delvigne prépara donc des projectiles allongés et creux, remplis de poudre, et armés, à leur partie antérieure, d'une capsule fulminante. Le choc de cette capsule contre un corps résistant, devait faire voler le projectile en éclats : c'étaient de petits obus.

Les essais qu'entreprit M. Delvigne avec ces nouveaux projectiles, d'abord à la butte Montmartre, en présence des ducs de Chartres et de Montpensier, fils du duc d'Orléans, puis au champ d'expériences de Vincennes, réussirent complètement. Toujours la balle frappait le but la pointe en avant, et l'explosion se produisait en même temps.

M. Delvigne reçut alors l'ordre de se rendre en Afrique, avec un approvisionnement de ses projectiles. Il fut mis à la tête d'un détachement de cent tireurs d'élite, armés en partie de fusils rayés de son système, fabriqués à ses frais, et en partie de fusils de rempart lançant les petits obus incendiaires que nous venons de décrire.

Les résultats obtenus pendant la courte campagne d'Alger, furent très-satisfaisants, et l'inventeur en tint bonne note.

Au retour d'Afrique, et sur l'avis favorable de plusieurs généraux de l'armée d'expédition, M. Delvigne demanda au Ministre de la guerre la continuation de l'examen de son système. Mais il fut

Louis Figuier

repoussé pour la cinquième fois. M. Delvigne prit alors le parti de donner sa démission d'officier, pour pouvoir défendre et propager ses idées, sans être retenu par la hiérarchie ni par la discipline.

Son insistance et ses démarches eurent pour effet de provoquer, en 1833, une série d'expériences. Elles se firent à Vincennes, sous la direction de M. de Pontcharra, lieutenant-colonel d'artillerie et inspecteur des manufactures d'armes.

Ces expériences, qui avaient pour but la création d'un fusil de rempart rayé, en prenant pour base le système Delvigne, furent conduites avec beaucoup de science et d'habileté. On étudia les divers éléments qui entrent dans la composition d'une arme rayée : le mode de forcement, la forme, le poids et le calibre de la balle, la longueur et le calibre du canon, le sens, l'inclinaison, la profondeur et le nombre des rayures. Mais on se préoccupait surtout de perfectionner l'arme première de M. Delvigne, c'est-à-dire la carabine à balle sphérique, tant étaient vivaces les préjugés contre la balle oblongue.

M. de Pontcharra, qui présidait la commission, apporta une modification importante à la carabine Delvigne. Il eut l'idée d'adapter à la balle un sabot cylindrique en bois, sur lequel le projectile venait reposer. Ce sabot avait été imaginé par un arquebusier de Lyon, M. Bruneil, qui l'avait proposé dès 1827, en même temps qu'un fusil à batterie, fusil qui finit par devenir, après de nombreuses retouches, le *fusil modèle* 1840 (non rayé).

Ce sabot, creusé à sa partie supérieure pour recevoir la balle, reposait, de l'autre côté, par une surface plane, sur le rebord de la chambre, dont la fraisure était supprimée. De cette façon, il devenait impossible que le plomb pénétrât dans la chambre, et le forcement se trouvait meilleur.

La figure 352 représente la balle sphérique à sabot, modifiée par M. de Pontcharra. La balle ne pouvait plus s'étendre que dans le sens horizontal, c'est-à-dire perpendiculairement à l'axe du canon, et il en résultait une précision beaucoup plus grande.

Bien mieux, l'expérience mit en lumière un principe, non encore soupçonné jusque-là, et qui peut se formuler ainsi ; L'aplatissement des balles rondes augmente la stabilité de leur axe de rotation, et par suite, la justesse de leur tir.

CHAPITRE III

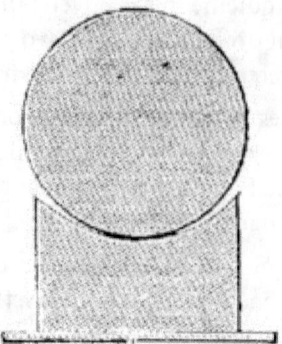

Fig. 352. — Balle sphérique à sabot de Delvigne-Pontcharra.

M. de Pontcharra eut aussi l'idée de clouer sous le sabot un *calepin* de serge graissée, qui, non-seulement rendait l'encrassement moins rapide, en balayant à chaque coup les rayures, mais encore augmentait la justesse du tir en faisant coïncider constamment l'axe du sabot avec celui du canon. Enfin il détermina le pas le plus convenable à donner à la rayure, pour obtenir les meilleurs effets.

À la suite de ces expériences, une petite carabine, dite *à la Pontcharra*, fut créée en 1837, pour l'armement d'un corps de tirailleurs dont le maréchal Soult réclamait l'organisation. Cette carabine portait à 300 mètres, avec une extrême justesse. Moins lourde que le fusil d'infanterie, parce qu'elle était plus courte, elle conservait pourtant assez de longueur pour être munie de la baïonnette. Elle se chargeait facilement, s'encrassait peu, et n'avait qu'un assez faible recul.

On en dota un bataillon de tirailleurs, qui fut formé à Vincennes, en 1838. Ce bataillon fut envoyé, l'année suivante, en Algérie, sous le nom de *Chasseurs de Vincennes*. La création du bataillon de chasseurs de Vincennes était due à l'influence du duc d'Orléans, qui s'était constitué le protecteur de M. Delvigne.

Les services que rendirent en Afrique les chasseurs de Vincennes, furent tellement décisifs, que l'organisation de dix bataillons de ces tirailleurs fut immédiatement décidée. Le duc d'Orléans fit adopter, pour leur armement, les projectiles allongés, dont il connaissait la

Louis Figuier

supériorité sur la balle sphérique. Ce prince confia au capitaine d'artillerie Thiéry, la mission de fixer le modèle de la carabine à mettre entre les mains des dix bataillons de chasseurs, qui prirent alors le nom de *Chasseurs d'Orléans*.

Malheureusement, le capitaine Thiéry ne connaissait pas suffisamment la question pour mener l'entreprise à bonne fin. Il fit construire 14 000 carabines, mais avec une rayure trop peu inclinée. Quand ces nouvelles armes furent essayées au camp de Saint-Omer, où l'on avait réuni les nouveaux bataillons des chasseurs d'Orléans, elles donnèrent les plus mauvais résultats.

On en revint donc immédiatement à la balle sphérique. D'ailleurs, à cette époque, le duc d'Orléans, mort si malheureusement pour les destinées de la France, n'était plus là pour combattre la routine.

Cependant M. Delvigne ne perdit pas courage. Il se présente un jour au polygone de Vincennes, portant sous le bras un petit mousqueton de cavalerie. Avec cette arme surannée et presque ridicule, mais dont il avait fait une excellente carabine en la rayant et la munissant du projectile oblong, M. Delvigne, en présence du général commandant les chasseurs, rectifie brillamment les mauvais résultats obtenus au camp de Saint-Omer. Son projectile, néanmoins, fut encore rejeté.

Il s'adresse alors à l'Académie des sciences, et la prie de faire examiner cette question. L'Académie nomme aussitôt une commission de quatre membres, au nombre desquels se trouvait Arago.

Le 6 juillet 1844, l'illustre astronome monte à la tribune de la Chambre des députés, et fait connaître les expériences auxquelles il avait assisté sur le champ de tir de Vincennes. Il rapporte qu'à 500 mètres, distance à laquelle le tir à balle sphérique ordinaire n'aurait eu aucune certitude, M. Delvigne a mis quatorze balles sur quinze dans la cible ; à 700 mètres, sept balles sur neuf ; et à 900 mètres, deux balles sur trois. Il constate que la balle sort en tournant sur elle-même, dans la direction de l'axe de la carabine, et touche toujours le but par la pointe.

Arago termina par ces paroles : « L'arme de M. Delvigne changera complètement le système de la guerre ; elle en dégoûtera peut-être, je n'en serais pas fâché. »

CHAPITRE III

La première partie de la prophétie d'Arago s'est accomplie ; quant à la seconde, elle ne semble pas encore près de se réaliser.

La carabine à balle sphérique de M. Delvigne, modifiée par M. de Pontcharra, offrait dans la pratique un inconvénient assez grave : elle exigeait l'emploi de cartouches spéciales, qui se détérioraient plus facilement que la cartouche ordinaire, et qu'il n'était pas toujours possible de se procurer en temps de guerre. C'est pour parer à cette difficulté que M. Thouvenin, lieutenant-colonel d'artillerie, proposa d'en revenir à l'ancien mode de chargement par la baguette, et construisit, en 1842, l'arme qui prit le nom de *carabine à tige*, en raison de la particularité que nous allons décrire.

Dans cette arme nouvelle, la chambre à poudre employée par M. Delvigne était supprimée. Une tige en acier était vissée *au fond de l'âme de la carabine*, dans l'axe même du canon ; la poudre occupait l'espace annulaire laissé libre autour de cette tige. On frappait la balle avec la baguette de fer du fusil. La balle, qui reposait au fond du fusil, sur cette tige, était très-bien forcée par le choc de la baguette ; elle ne subissait d'autre déformation qu'un aplatissement régulier. On pouvait donc renoncer au sabot, et faire usage, pour cette arme, de la cartouche ordinaire.

Dès l'invention de sa carabine, M. Thouvenin s'aboucha, pour l'expérimenter, avec deux officiers qui avaient suivi attentivement les travaux de M. Delvigne. C'étaient M, Tamisier, capitaine d'artillerie, professeur à l'École de tir de Vincennes, et M. Minié, capitaine aux chasseurs d'Orléans, instructeur à la même école.[1] De cette union sortit une arme très-perfectionnée.

S'inspirant des précédentes études de M. Delvigne, M. Minié songea à appliquer la balle cylindro-conique à la *carabine à tige*, dont le défaut principal était la faiblesse de portée, résultant d'une trop grande action de l'air sur les balles aplaties par le forcement. Après divers tâtonnements, MM. Minié et Thouvenin, en 1844, furent en état de présenter à l'examen d'une commission, nommée par le Ministre de la guerre, une carabine à tige, munie d'une balle oblongue.

---

1 Favé, *Des nouvelles carabines et de leur emploi*, in-8, Paris, 1847, p. 10.

Louis Figuier

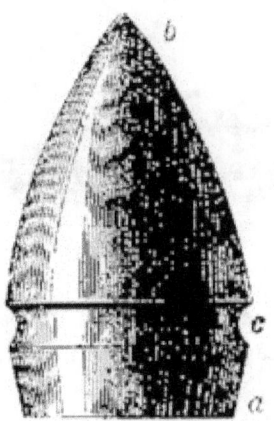

Fig. 353. — Balle cylindro-ogivale.

Cette balle, dite *oblongue primitive* (*fig.* 353) se terminait, non pas précisément en cône, mais en ogive. Sa partie postérieure, *a*, moins longue que l'antérieure, *b*, était un tronc de cône très-voisin du cylindre. Entre ces deux portions était creusée une gorge, *c*, destinée à faciliter l'union intime de la balle et de la cartouche. Lorsque la balle était enveloppée du papier de sa cartouche, on la fixait sur cette gorge, au moyen d'un fil de laine graissé, qui serrait le papier dans la gorge.

Il était indispensable de ne pas aplatir le projectile en le forçant ; on aurait perdu, sans cela, les avantages dus à la forme pointue de la balle. On fut donc obligé d'évider la tête de la baguette, employée à forcer le projectile, de telle façon que la partie antérieure de la balle pût s'y loger.

La figure 354 montre la balle, B, et l'extrémité de la baguette évidée, A, qui vient la coiffer, pour ainsi dire, au moment où elle frappe cette balle pour la forcer. C, est la tige placée au fond du canon sur laquelle on force la balle. Autour de cette tige C, se trouve la cartouche de poudre, PP.

La carabine de MM. Minié et Thouvenin donna de fort beaux résultats. On put mettre, 33 balles sur 100, dans une cible de 6 mètres de largeur sur 2 de hauteur, à la distance de 800 mètres. À 1 300 mètres, on mettait encore 8 balles sur 100, dans une cible de

10 mètres de largeur.

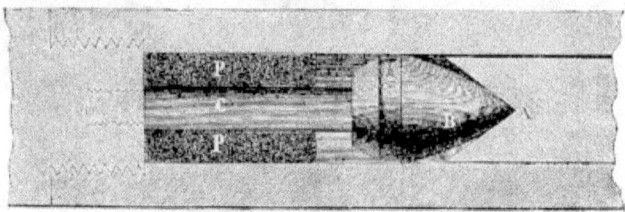

Fig. 354. — Forcement de la balle par la baguette évidée dans la carabine Thouvenin-Minié.

Le projectile oblong n'était pas moins supérieur sous le rapport de la puissance de pénétration. À 600 mètres, la balle traversait 5 panneaux en bois de peuplier, de $0^m,022$ d'épaisseur, placés de suite et parallèlement, à $0^m,50$ de distance. Sur 300 balles tirées, 127 touchaient le but, après avoir traversé ces 5 panneaux. À 1 300 mètres, elles traversaient encore 2 panneaux, et faisaient empreinte sur un 3e.

En présence d'effets aussi concluants, on songea à doter toutes nos troupes d'armes rayées à tige et à balle cylindro-ogivale. En 1845, des expériences furent entreprises, dans le but de déterminer le modèle de carabine remplissant les meilleures conditions. Mais alors surgit un perfectionnement tout à fait imprévu.

Pendant le cours des expériences, M. Minié crut s'apercevoir que le fil, enroulé autour de la gorge, n'avait aucun avantage ; il le supprima donc, se contentant de graisser le papier de la cartouche : les résultats n'en furent nullement amoindris. De là à penser que la gorge était également inutile, il n'y avait qu'un pas. Ce pas fut fait, et la gorge disparut. Mais on constata aussitôt que le tir perdait beaucoup de sa justesse. On revint alors à la gorge ; et l'on remarqua, non sans surprise, que les plus légères variations, dans sa forme et sa position, influaient beaucoup sur la justesse du tir. Les moindres modifications apportées, soit à la partie tronc-conique, soit à la partie ogivale du projectile, exerçaient la même influence.

M. Tamisier soumit ces faits à une étude approfondie ; il en chercha la cause, et il fut amené, par des considérations théoriques très-justes, à pratiquer des cannelures à l'arrière du projectile. Il pratiqua, non pas une gorge, mais autant de gorges qu'il en put placer, sur la partie tronc-conique de la balle, et donna à chacune de ces excavations une profondeur de 7/10 de millimètre.

La figure 355 représente la balle dont il s'agit.

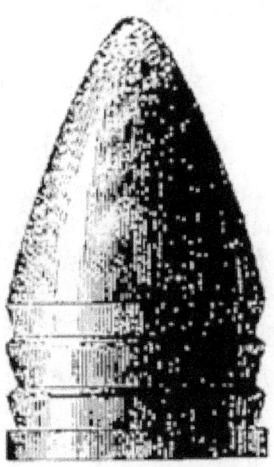

Fig. 355. — Balle cylindro-ogivale cannelée.

La justesse du tir fut immédiatement augmentée.

Voici, en deux mots, quelle était l'utilité des cannelures : rendre le frottement de l'air plus considérable à l'arrière de la balle, afin de redresser cette partie, qui tend toujours à s'abaisser, et ramener son axe vers la direction de la tangente à la trajectoire : cette dernière condition étant nécessaire pour que le projectile allongé se maintienne la pointe en avant.

En poursuivant ses essais, M. Tamisier reconnut que, pour obtenir le maximum de frottement, il importait que les arêtes des cannelures fussent aussi vives que possible ; et il s'ingénia à déterminer la forme de balle la plus avantageuse au maintien de cette condition, après sa déformation résultant du choc de la baguette.

Ainsi, d'après les nouveaux principes, il n'y avait aucun inconvénient, pour la justesse du tir, à sortir du type cylindro-ogival

CHAPITRE III

créé par M. Minié et à employer des balles de forme et de longueur quelconques. M. Tamisier eut tout de suite l'idée d'allonger le projectile. Il tira avec beaucoup de justesse à de grandes portées, avec des balles ayant jusqu'à sept calibres de longueur, c'est-à-dire $0^m,126$. Ce fut dès lors un fait acquis à la science et accepté de tous, qu'il n'est pas nécessaire, pour agrandir la portée d'une arme, d'en augmenter le calibre, mais qu'il suffit d'allonger le projectile, en faisant varier en même temps, d'une manière convenable, la construction de l'arme. C'est, comme on l'a vu, ce principe qui avait amené M. Delvigne à créer sa balle cylindro-conique : il avait fallu près de vingt ans pour qu'il passât à l'état de vérité reconnue.

À la fin de 1846, la supériorité de la *carabine Thouvenin-Minié-Tamisier* étant bien établie, cette arme devint réglementaire. Sous le nom de *carabine modèle* de 1846, elle fut adoptée pour l'armement des chasseurs d'Orléans.

On s'occupa, immédiatement après, de transformer notre vieux fusil à canon lisse, en usage dans toute l'infanterie française, en *fusil rayé à tige*. À la suite de nouvelles expériences qui en démontrèrent tous les avantages, le *fusil rayé à tige* fut donné aux zouaves. Il allait sans doute recevoir une extension plus complète, lorsqu'une proposition inattendue de M. Minié vint tout remettre en question.

Il ne s'agissait de rien moins que de supprimer la tige employée pour le forcement de la balle, grâce à un mode de forcement proposé par M. Minié, et tout différent de ceux imaginés jusque-là : le forcement par l'action des gaz de la poudre, forcement automatique et indépendant du tireur.

Fig. 356 et 357. — Balle à culot et coupe verticale de cette balle.

La balle présentée par M. Minié (*fig.* 356 et 357) était creusée à sa partie inférieure ; dans la cavité ainsi produite était logé un *culot, a*, sorte de capsule en tôle de fer, de forme tronc-conique. En raison de sa densité moindre que celle de la balle, le culot recevait le premier l'impulsion des gaz de la poudre, il exerçait une pression sur les parois intérieures du projectile, et le forçait de s'ouvrir, de se dilater, et de s'imprimer dans les rayures. Dès lors il n'était, plus besoin de tige au fond du fusil, ni de baguette pour le forcement ; le chargement se trouvait très-simplifié dans la pratique, en même temps qu'il acquérait une grande régularité.

La première idée de cette méthode de forcement n'appartenait pas en propre au capitaine Minié, En 1835, un arquebusier anglais, M. Greener, avait présenté à l'arsenal de Woolwich une balle ovale, A (*fig.* 358), portant un évidement dans lequel s'engageait un appendice, B, formé d'un alliage de plomb, de zinc et d'étain, et dont M. Greener indiquait le rôle en ces termes :

« Quand l'explosion a lieu, le tampon est chassé dans le plomb, en écartant les parois de la balle, et produit ainsi, soit le forcement dans les rayures, soit la suppression du vent, selon que l'on emploie une arme rayée ou une arme à canon lisse. »

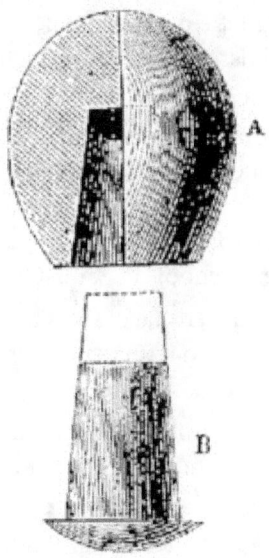

Fig. 358. — Balle Greener.

CHAPITRE III

Les expériences avaient été très-concluantes ; mais la balle Greener avait été rejetée en Angleterre à cause de la difficulté de sa fabrication.

D'un autre côté, le fait de la dilatation du projectile évidé, par l'action des gaz de la poudre, avait été remarqué par M. Delvigne, presque dès l'origine de ses travaux. Ayant, en effet, creusé à l'arrière, sa balle cylindro-conique, pour porter son centre de gravité à la partie antérieure, M. Delvigne n'avait pas tardé à reconnaître cette influence ; et, le 22 décembre 1842, il avait spécifié sa découverte dans une addition à un brevet pris l'année précédente. Il y déclarait « avoir évidé le creux de sa balle cylindro-conique, non-seulement pour les motifs énoncés dans son brevet d'invention, mais, en outre, pour obtenir sa dilatation, son épanouissement par l'effet des gaz produits par l'inflammation de la poudre. »

M. Minié n'était donc pas l'inventeur du mode de *forcement par expansion du projectile* ; mais il l'avait ressuscité et perfectionné d'une manière fort ingénieuse par la création de sa *balle à culot*.

Dès sa présentation, le système Minié attira toute l'attention du gouvernement français. Il réunissait, en effet, bien des avantages. Facilité et régularité du chargement, suppression de la tige intérieure et de la baguette de forcement, transformation rapide et économique du fusil lisse en fusil rayé : telles étaient ses qualités les plus saillantes.

Restait à savoir comment le nouveau projectile se comporterait dans la pratique, et à quelle précision de tir il permettrait d'atteindre. Pour vider ces questions, des expériences comparatives furent ordonnées, en 1849-1850, dans les quatre écoles de tir de Vincennes, Toulouse, Grenoble et Saint-Omer.[1]

Les résultats obtenus furent favorables à la balle à culot. Sous le rapport de la justesse, elle était un peu supérieure à l'ancienne balle cylindro-ogivale et elle l'égalait sous le rapport de la pénétration.

Quatre régiments d'infanterie furent alors munis de cette carabine, et chargés de l'expérimenter pendant le cours des années 1851 et 1852.

Les tireurs lui trouvèrent des défauts qui avaient échappé aux

1 Gaugler de Gempen, *Essai d'une description de l'armement rayé dans l'infanterie européenne*, in-8, Paris, 1858, p. 73.

Louis Figuier

écoles. On crut donc devoir faire, en 1853 à Vincennes, à Metz et à Besançon, de nouveaux essais, pendant lesquels on perfectionna la forme de la balle et celle du culot. On parvint aussi à éviter en partie les déchirements qui se produisaient dans les projectiles, par suite de l'action trop vive des gaz ou d'un défaut de fabrication, et dont la conséquence la plus grave était de mettre l'arme momentanément hors de service, à cause des débris de métal qui restaient souvent dans le canon.[1]

Après une comparaison approfondie, l'avantage resta enfin aux armes sans tige tirant la balle à culot, sur les armes à tige tirant la balle oblongue. Toutefois l'adoption de la balle à culot resta à l'état de projet : on lui reprochait encore son poids considérable (49 grammes) et les difficultés de sa fabrication. D'ailleurs, à cette époque, M. Minié présenta une balle plus simple, qui vint détourner l'attention de la première.

La nouvelle balle était sans culot. Elle portait un simple évidement, et ne pesait que 36 grammes ; la charge de poudre était de 4^{gr}, 5. Elle donna immédiatement d'assez bons résultats pour qu'on l'adaptât au *fusil modèle* 1854 de la *Garde impériale* ; d'où lui vint le nom de *balle évidée de la Garde*. La figure 359 montre cette balle en coupe verticale.

Fig. 359. — Balle évidée de la Garde.

En 1856, M. Minié proposa une seconde balle à culot, dont le

---

1 Voir au sujet de ces expériences, l'ouvrage de M, Cavelier de Cuverville, *Cours de tir*, in-8, 1864, p. 426.

poids n'était plus que de 39 grammes. Presque en même temps, M. Nessler, capitaine des chasseurs à pied, en offrit une sans culot, du poids de 38 grammes, et caractérisée par un petit appendice faisant saillie dans l'évidement, mais attenant à la balle elle-même ; d'où le nom de *balle à téton* qui lui fut donné.

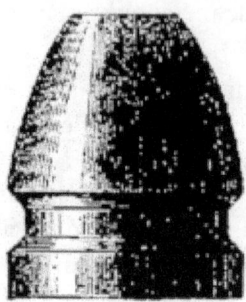

Fig. 360 et 361. — Balle modèle 1857 et coupe verticale de cette balle.

Ces deux projectiles furent rejetés ; mais une commission, à laquelle fut adjoint M. Nessler, reçut mission d'établir une balle sans culot, et d'un faible poids, quoique d'une grande portée et d'une grande justesse.

Des recherches auxquelles se livra cette commission, et auxquelles M. Nessler prit une part active, sortit enfin la *balle modèle* 1857, qui fut adoptée pour toute notre infanterie. Cette balle, que représentent les figures 360 et 361, est à évidement pyramidal à base triangulaire, avec section des arêtes. Elle ne pesait que 32 grammes, et jusqu'à 600 mètres, elle présentait une justesse de tir suffisante, quoique inférieure à celle de la carabine à tige, dont la balle pesait 49 grammes.

Enfin M. Nessler, ayant poursuivi ses recherches, fit remplacer la balle modèle 1857 par une balle du poids de 36 grammes à évidement quadrangulaire, et d'une justesse de tir remarquable ; ce dernier changement s'accomplit en 1863. Les figures 362 et 363 représentent ce dernier projectile.

Ici s'arrête l'historique des armes à feu se chargeant par la bouche du canon. L'aperçu que nous en avons donné, pour ce qui concerne la France, nous dispense de faire le même travail pour les armes

Louis Figuier

étrangères, lesquelles d'ailleurs sont toutes basées sur les principes mis en relief par MM. Delvigne, Thouvenin, Minié, Tamisier, Nessler, etc. Il est bien remarquable que les inventeurs qui ont successivement perfectionné, de nos jours, les projectiles, les carabines et les fusils, soient tous Français.

Fig. 362 et 363. — Balle modèle 1863 et coupe verticale de cette balle.

Partout aujourd'hui les armes portatives rayées ont remplacé les armes à canon lisse. C'est, d'ailleurs, une curieuse remarque à faire, que nul progrès de l'ordre scientifique ou industriel, ne se propage avec autant de rapidité que ceux qui se rapportent à l'art de la guerre. Le moindre perfectionnement dans cette voie, réalisé chez un peuple, reçoit aussitôt son application chez tous les autres ; le progrès se généralise et s'unifie, sans distinction de nationalité.

Il nous reste à parler des armes à feu portatives se chargeant par la culasse. En combinant le chargement par la culasse avec la rayure du canon, on a créé ces armes nouvelles, si redoutables et qui sont aujourd'hui entre les mains de toutes les armées européennes. Le fusil d'infanterie a dû subir dès lors une nouvelle transformation. La dernière expression de la science, dans ce sens, a été le *fusil à aiguille*, dont le *fusil Chassepot* n'est qu'un admirable perfectionnement.

CHAPITRE III

CHAPITRE IV

LES ARMES À FEU PORTATIVES SE CHARGEANT PAR LA CULASSE.
— PREMIERS ESSAIS. — SYSTÈMES JULIEN LEROY, LEPAGE,
GASTINE-RENETTE. — SYSTÈME LEFAUCHEUX. — LE FUSIL
ROBERT. — LE MOUSQUETON DES CENT-GARDES. — LE FUSIL
MANCEAUX ET VIEILLARD. — LE FUSIL À AIGUILLE PRUSSIEN. —
LE FUSIL CHASSEPOT.

L'idée de charger les fusils par la culasse est très-ancienne : elle remonte à 1540. Si l'on en croit la chronique, la première arme de ce genre aurait été inventée par un roi de France, par Henri II.

La pensée de charger par la culasse les armes portatives, a dû s'offrir, d'ailleurs, très-naturellement, en présence des inconvénients attachés au système du chargement par la bouche. En effet, si la baguette vient à être perdue, faussée ou brisée, le soldat est désarmé. — Pour recharger leurs armes, les tirailleurs sont obligés de se mettre à l'abri. — La cartouche peut s'enflammer au moment de la charge. — Le fusil peut partir au repos, et produire ainsi de graves accidents. — Enfin, l'opération du chargement fait perdre beaucoup de temps. Le système de chargement par la culasse permet d'éviter une partie de ces inconvénients.

Nous diviserons en trois groupes, d'après le mode d'introduction de la charge, toutes les armes qui ont été construites jusqu'ici dans le système du chargement par la culasse.

Dans le premier groupe, nous rangerons les armes dans lesquelles le tonnerre se découvre à la partie supérieure du canon.

Le second groupe comprendra les armes à tonnerre mobile que l'on sépare du canon, c'est-à-dire celles où le tonnerre s'enlève, et met à découvert une espèce de petit canon intérieur, dans lequel on place la charge à la manière ordinaire.

Le troisième groupe renfermera les armes, dont le mécanisme découvre la partie postérieure du tonnerre.

1er *groupe*. — Au premier groupe, appartient l'*amusette du maréchal de Saxe*, qui fut quelque temps en usage sous Louis XIV et sous Louis XV.

L'*amusette* était un gros fusil, qui se chargeait sans cartouche,

Louis Figuier

en plaçant la poudre et le projectile dans la culasse de l'âme, qui s'ouvrait dans ce point. Elle lançait des balles de plomb d'une demi-livre. On la posait, au moment du tir, sur une sorte d'affût, que manœuvraient deux hommes. Le maréchal de Saxe en fit construire une grande quantité ; il adapta le même mécanisme aux carabines de la cavalerie, et il dota de cette arme les dragons de son régiment. Mais ce système ne présentait que des inconvénients, et l'on ne tarda pas à l'abandonner. Le chargement opéré sans cartouche, était dangereux pour le soldat, en même temps qu'il nuisait à la régularité du tir. De plus, l'encrassement était considérable, et des crachements se produisaient. Enfin, l'arme pouvait partir sans que le tonnerre fût fermé et, se déchargeant par la culasse, aller tuer le tireur.

Il faut arriver aux premières années de notre siècle, pour trouver, en France, un second essai de ce genre. Sur la demande de l'empereur Napoléon Ier, l'armurier Pauly, dont nous avons parlé à l'article des capsules fulminantes, construisit, en 1808, un fusil se chargeant par la culasse, et dans lequel la poudre s'enflammait par le choc d'une petite tige de fer contre une amorce fulminante. La partie supérieure du canon s'ouvrait pour découvrir le tonnerre.

Cette arme, que nous avons déjà décrite en quelques mots, était trop défectueuse pour qu'on songeât à l'appliquer à la chasse ou à la guerre ; mais elle eut cela de bon, qu'elle mit les esprits en éveil et les dirigea dans une voie qui devait être féconde en résultats brillants.

2e *groupe.* — Nous glisserons rapidement sur cette catégorie, qui ne renferme presque aucune arme digne d'attention. Disons seulement que les divers systèmes proposés avaient les défauts graves de s'encrasser rapidement, de manquer de solidité et de ne fournir qu'une obturation incomplète de l'arme.

3e *groupe.* — Ce groupe, qui renferme les armes modernes, se subdivise en deux sections comprenant : la première, les armes qui se brisent en deux, laissant à découvert le tonnerre ; la seconde, les armes dans lesquelles l'arme n'est jamais brisée, le canon restant fixe au moment de la charge.

Dans la première section, figurent les systèmes Julien Leroy, Lepage, Gastine-Renette et Lefaucheux.

CHAPITRE IV

Dans le *système Julien Leroy*, imaginé en 1813, le canon se rabat sur le côté gauche, parallèlement à lui-même, en tournant autour d'un axe horizontal parallèle au canon. Pour faire tourner le canon, il suffit d'agir sur un ressort à crochet, dont l'extrémité, située au-dessous de la poignée, affecte la forme d'une détente. Quand la rotation du canon sur son axe a découvert le tonnerre, on opère le chargement ; puis on referme le tonnerre par le même mécanisme.

Dans le *mousqueton Lepage*, une sorte de capuchon à taquet maintient le canon fixé au fût de bois. Lorsqu'on pousse le capuchon vers la gauche, on dégage le taquet, et le canon tourne librement de droite à gauche autour d'un axe vertical implanté dans la monture. On introduit alors la charge dans le tonnerre, puis on rétablit les choses dans leur état primitif, par une opération inverse. Ce mousqueton fut expérimenté, en 1835, dans plusieurs régiments de cavalerie.

Le *système Gastine-Renette* est la reproduction presque littérale du système Julien Leroy. La différence consiste dans la forme et la position de la détente, qui, noyée en grande partie dans le bois, se montre très-peu au dehors.

Ces différents systèmes n'ont eu qu'une existence éphémère. Mais il en a été autrement du *système Lefaucheux*, qui se trouve aujourd'hui appliqué à la plupart des armes de chasse. Il est juste d'ajouter que le succès des armes Lefaucheux est dû, pour une bonne part, à l'invention d'une cartouche spéciale, qui empêche les crachements, que l'on avait toujours reprochés aux précédents systèmes Cette cartouche a été imaginée par un armurier de Paris, M. Gévelot ; nous en parlerons plus au long après avoir décrit le mécanisme de l'arme.

Fig. 364. — Fusil système Lefaucheux montrant le tonnerre à découvert pour charge.

Louis Figuier

Fig. 365. — Fusil système Lefaucheux avant ou après la charge.

Dans le système Lefaucheux (*fig.* 364), le canon est à bascule, c'est-à-dire qu'il s'abat perpendiculairement, en restant toujours dans le plan vertical de tir. Tandis que la crosse et la monture se maintiennent fixes, l'extrémité du canon s'abaisse, et la culasse se relève, laissant le tonnerre à découvert, pour recevoir la charge. On détermine ce mouvement en tirant sur la droite une sorte de large verrou, AA′, situé au-dessous du canon. Une opération inverse ramène le canon dans sa position normale. Alors une encoche, C, entrant dans une entaille, B, qui correspond au verrou, AA′, assure la fixité du canon. Sur la figure 364, D, représente le double chien du fusil ; F, les cheminées. G, est la partie formant charnière, pour briser le fusil.

Fig. 366. — Fusil des Cent-gardes avec sa baïonnette-épée.

CHAPITRE IV

Quand on veut tirer, on place, dans le canon la cartouche, qui se compose d'un culot en cuivre, dans lequel s'engage un étui en carton. Cette cartouche produit l'obturation entière de l'arme, grâce au culot, qui, par l'action des gaz de la poudre, se trouve projeté à la partie postérieure du tonnerre, la bouche hermétiquement en raison de l'élasticité du cuivre, et ferme ainsi toute issue aux gaz. L'étui de carton a pour but de prévenir l'encrassement des parois.

Les cartouches de ce genre, dites *cartouches Gévelot*, ou à *culot métallique*, excellentes dans les armes de chasse, présenteraient, comme armes militaires, des inconvénients qui contrebalanceraient leurs avantages et les rendraient d'un usage difficile à la guerre.

En effet, il faut, après chaque coup de fusil, avec une cartouche Gévelot, retirer du canon le culot et le carton, ce qui demande un certain temps, et nécessite un instrument spécial. Puis, le calibre des cartouches doit être *identiquement* le même que celui du tonnerre ; car s'il est plus fort, la cartouche ne peut pénétrer dans la chambre ; si, au contraire, il est plus faible, le culot de métal et l'étui de carton se fendent longitudinalement, se collent contre les parois de la chambre, et il devient très-malaisé de les en retirer. Or, une pareille précision est presque impossible à obtenir. Enfin, la cartouche Gévelot est d'un prix assez élevé.

On va comprendre pourquoi le fusil Lefaucheux, et, en général, toutes les armes brisées, ne sont bonnes que pour les chasseurs. On ne peut employer à la guerre que des armes dans lesquelles le canon et la crosse restent invariablement liés l'un à l'autre. Il faut, pour la défense comme pour l'attaque, que le soldat puisse toujours faire usage de la baïonnette. Tout ce que l'on peut admettre, c'est que le tonnerre soit mis à découvert par une pièce mobile. Avec un semblable fusil, le soldat n'est jamais désarmé. Il saisit l'instant favorable pour introduire sa charge dans le tonnerre, pendant qu'il tient en échec, avec sa baïonnette, celui qui cherche à l'attaquer.

Les armes de la seconde section sont toutes basées sur ce principe, c'est-à-dire peuvent se charger par la culasse sans que le fusil soit brisé en deux. Tels sont le *fusil Robert*, le *mousqueton des Cent-gardes*, le *fusil Monceaux et Vieillard*, le *fusil Dreyse* ou *fusil à aiguille prussien*, et le *fusil Chassepot*. Nous allons examiner tous ces systèmes.

Louis Figuier

Dans le *système Robert*, la tranche postérieure du tonnerre se découvre, au moyen d'un levier à poignée. Le soldat introduit la charge ; c'est-à-dire une cartouche munie d'une amorce fulminante, et referme la culasse. Lorsqu'on presse la détente, le chien vient écraser l'amorce sur une sorte d'enclume intérieure, et le coup part.

Dans le mousqueton *Treuille de Beaulieu*, qui sert à l'armement actuel des Cent-gardes, le tonnerre se découvre quand on abaisse une culasse mobile, ou *verrou*, comme l'appelle l'inventeur, au moyen de la sous-garde elle-même qui forme ressort. Ce ressort joue le rôle du chien lorsqu'on presse la détente ; il vient choquer une petite tige métallique qui repose sur la capsule, placée dans le culot de la cartouche. Par l'effet de ce choc, l'amorce s'enflamme et communique le feu à la charge.

Ce fusil est d'un maniement dangereux.

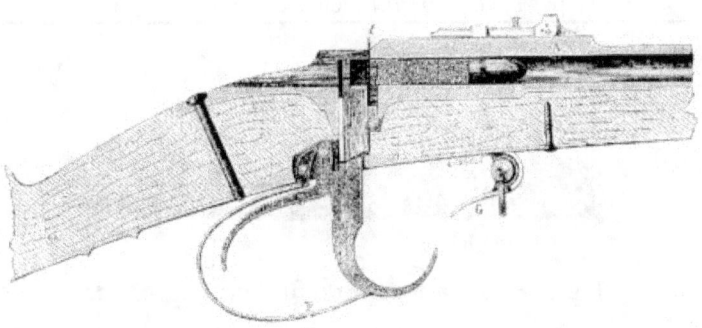

Fig. 367. — Coupe du tonnerre dans le fusil des Cent-gardes.

A,	canon.
B,	verrou portant un taquet, *b*, qui vient frapper la tige métallique dépassant l'extérieur de la cartouche, et enflamme le fulminate.

CHAPITRE IV

C,	cartouche à culot métallique dont la partie postérieure dépasse un peu le diamètre du tonnerre afin, lorsque le verrou vient fermer la culasse, d'obtenir une obturation complète et éviter ainsi les fuites de gaz ou crachements au moment de l'inflammation.
D,	queue du verrou que le soldat abaisse pour charger en plaçant la cartouche dans le tonnerre.
E,	détente dont le crochet entre dans un cran pour arrêter le verrou.
F,	ressort de détente qui fait remonter brusquement le verrou pour frapper la cartouche lorsqu'on presse la détente E.
G,	guide pour conduire, à coup sûr, le doigt dans le crochet formé par l'extrémité inférieure du verrou.

Fig. 368. — Cartouche du fusil des cent-gardes.

La figure 367 donne une coupe verticale du tonnerre dans le fusil des Cent-gardes. La légende qui accompagne cette figure donne l'explication des organes que nous venons d'énoncer. La figure 368, montre, à part, la cartouche de ce fusil, avec la petite aiguille *a*, qui est frappée par le ressort, et que l'on voit à la partie inférieure. L'aiguille plus longue, *t*, qui se voit au-dessus, sert à retirer le culot et le corps de la cartouche, quand le coup est parti.

Le *système Manceaux et Vieillard* a pour culasse mobile un cylindre creux, aux extrémités duquel sont fixés, d'un côté, l'appareil obturateur, et, de l'autre, une poignée à l'aide de laquelle on peut démasquer l'entrée du canon.

Dans le *fusil à aiguille*, ou *fusil rayé prussien*, inventé par l'armurier Dreyse en 1827, l'inflammation de la charge est produite par une

Louis Figuier

aiguille, qui traverse la cartouche, pour aller frapper une petite pastille de poudre fulminante, placée au haut de la cartouche. C'est de là que vient le nom de fusil à aiguille (*zündnadelgewehr*, de *zünden*, allumer ; *nadel*, aiguille ; et *gewehr*, arme) donné à cette arme. Le canon est joint à l'extrémité antérieure d'une forte douille, dans laquelle peut glisser la culasse mobile munie d'une forte poignée qui passe à travers une ouverture de la douille, disposée comme l'entaille de la douille d'une baïonnette. Cette poignée permet de porter la culasse en arrière, afin de démasquer le tonnerre. On introduit alors la cartouche dans l'extrémité postérieure du canon, et on referme ensuite, en poussant la poignée en avant. Par ce mouvement, la culasse mobile vient s'appliquer contre la chambre fraisée de l'arrière du canon, dans laquelle se place la cartouche. La poignée étant ensuite tournée dans l'entaille, de gauche à droite, la culasse se trouve parfaitement serrée contre le canon.

La culasse renferme le mécanisme destiné à produire l'inflammation de la charge. L'organe principal de ce mécanisme est l'*aiguille*, formée d'un fil d'acier de 2 millimètres d'épaisseur, et se terminant en pointe, à l'extrémité qui doit frapper la composition fulminante. L'aiguille est fixée à l'extrémité d'un petit cylindre, autour duquel s'enroule un ressort à boudin, qui, en se débandant, lance l'aiguille contre l'amorce fulminante.

Ainsi l'aiguille est lancée à peu près comme les petits projectiles que l'on place dans les fusils d'enfant, et qui sont chassés par un ressort à boudin, d'abord fortement tendu, puis abandonné.

Voici maintenant comment le soldat charge le fusil à aiguille.

Il croise la baïonnette et tient le fusil de la main gauche, en appuyant la crosse au côté droit de son corps. En tirant, par un léger mouvement du pouce, un talon qui fait saillie à l'extrémité postérieure de la culasse, il tend le ressort de l'aiguille. Ensuite il frappe un petit coup sec du creux de la main droite, contre la clef en fer, dans la direction de droite à gauche, de manière à la porter à gauche dans l'entaille extérieure ; il saisit ensuite cette clef et la tire en arrière. Le canon s'ouvre alors, sur une longueur de $0^m,05$ à $0^m,06$. Le soldat dépose sa cartouche dans cette cavité, la pousse dans l'extrémité inférieure du canon, qui est légèrement évidée

CHAPITRE IV

pour la recevoir, et referme son arme, en poussant la clef d'abord en avant, puis de gauche à droite, par un second coup sec, frappé avec le creux de la main, pour bien consolider le tout.

Le fusil est ainsi chargé et la cartouche ne peut plus bouger.

Pour tirer, il faut pousser l'aiguille à travers la poudre de la cartouche. En tirant la gâchette du fusil, le ressort en spirale se débande, et l'aiguille est poussée avec une grande vitesse, contre la pastille fulminante, placée à l'extrémité de la cartouche. La capsule fulminante part et la poudre s'enflamme.

Dans le principe, on faisait usage, comme projectile du fusil à aiguille, d'une balle pointue, sphérique à sa partie postérieure, qui reposait sur un sabot de bois ou de carton. Aujourd'hui, cette balle est remplacée par le projectile que l'on nomme, en Prusse, *langblei* (plomb de forme oblongue). C'est un projectile qui ressemble à notre balle réglementaire de 1863, représentée plus haut.

Le poids total de la cartouche est de 40 grammes.

La balle pèse 31 grammes. Sa forme est calculée pour diminuer la résistance de l'air.

Le poids total du fusil prussien avec sa baïonnette était de 5^{kil},330 pour le modèle de 1841 ; mais il n'est plus que de 5 kilogrammes pour le modèle de 1862.

On pourra se faire une idée exacte du mécanisme intérieur et extérieur du fusil prussien par l'examen des deux figures 369 et 370, et de la légende qui les accompagne. La figure 369 représente en coupe, le fusil, après le coup tiré ; la figure 370, le fusil armé, vu en plan.

Fig. 360. — Fusil à aiguille (coupe demi-grandeur naturelle).

Louis Figuier

A,	canon.
A′,	chambre où se place la cartouche.
BB,	culasse mobile venant se joindre au canon par une surface sphéro-conique.
C,	coulisse dans laquelle glisse la tige du bouton L (*fig.* 370) servant à reculer la culasse afin d'ouvrir la chambre A′ qui doit recevoir la cartouche.
D,	talon servant à tirer la contre-culasse D′ enfermée elle-même dans la culasse B, pour armer le fusil en pressant sur le ressort à boudin.
d,	ressort servant à arrêter la contre-culasse.
E,	guide de l'aiguille F.
F,	aiguille.
G,	tige cylindrique porte-aiguille, et guide du ressort à boudin qu'elle comprime à l'aide d'un épaulement sur lequel il s'appuie.
g,	ouverture par laquelle sort la tige G, lorsque le fusil est armé. Tant que cette tige est visible le soldat est certain que le ressort est bandé.
H,	verrou de la détente venant butter sur la partie plate de l'épaulement de la tige G, et l'arrêtant jusqu'au moment où le soldat, appuyant sur la détente, l'abaisse, et rend par conséquent la liberté au ressort à boudin qui repousse la tige G, et par conséquent l'aiguille.
I,	détente.

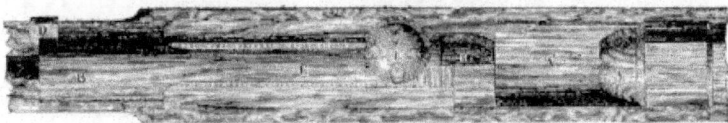

Fig. 370. — Fusil à aiguille (plan demi-grandeur naturelle).

CHAPITRE IV

Nous avons déjà dit que le fusil à aiguille remonte jusqu'à l'année 1827. L'inventeur de cette arme, Jean-Nicolas Dreyse, naquit en 1787, à Sœmmerda, près d'Erfurth, où son père était serrurier. En 1809, il travaillait à Paris, dans la fabrique de Pauly. C'est là qu'il eut connaissance des tentatives faites par cet habile armurier, pour créer une arme à tir rapide.

En 1814, Dreyse retourna à Sœmmerda. Il prit la direction de l'atelier de son père, et fonda, quelque temps après, une fabrique de capsules fulminantes pour la chasse. C'est en travaillant au perfectionnement des capsules fulminantes, qu'il conçut l'idée de les introduire dans la cartouche même, et d'enflammer le fulminate par le choc d'une aiguille à ressort.

Le premier fusil à aiguille, construit par Dreyse en 1827, se chargeait par la bouche du canon. Cette disposition fut bientôt perfectionnée en plusieurs points essentiels, et Dreyse obtint, au mois d'avril 1828, un brevet de huit ans pour son *aiguille-ressort* et sa cartouche fulminante.

Fig. 371. — Dreyse, inventeur du fusil aiguille.

Vers la fin de 1829, Dreyse eut l'occasion d'expliquer le principe de son invention au prince royal Frédéric-Guillaume de Prusse. Ce prince s'y intéressa vivement, et ne cessa de favoriser les recherches de l'habile armurier. Devenu roi, Frédéric-Guillaume dota son armée du nouveau fusil.

Dreyse n'eut pas à se plaindre, comme beaucoup d'inventeurs, de l'ingratitude de ses concitoyens. Il fut appelé par le gouvernement, à remplir différentes fonctions officielles, et en 1864, le roi lui accorda des lettres de noblesse. Il est mort le 9 décembre 1867, à l'âge de 80 ans, entouré d'une nombreuse famille.

Entre les premiers essais du fusil à aiguille qui remontent à 1827 et le modèle actuel adopté par l'armée prussienne, et que nous venons de décrire, il s'est donc écoulé quarante années, qui ont été employées en recherches et en expériences incessantes.

C'est vers 1836 que le chargement par la culasse fut appliqué pour la première fois au fusil à aiguille, par Dreyse. Depuis cette époque, bien d'autres perfectionnements ont été successivement appliqués, et lui ont donné peu à peu la forme commode et avantageuse qu'il possède aujourd'hui.

C'est en 1841, qu'on adopta, en Prusse, un premier modèle définitif pour la fabrication en grand du fusil à aiguille. Le roi Frédéric-Guillaume IV commanda, à cette époque, soixante mille fusils de ce modèle, à la fabrique de Sœmmerda. Vers 1848, tous les bataillons de fusiliers des trente-deux régiments de ligne prussiens étaient armés du nouveau fusil, qui ne tarda pas à faire ses preuves pendant l'insurrection badoise, comme aussi dans la première campagne du Schleswig-Holsteïn.

Après cette campagne, la nouvelle arme fut introduite peu à peu dans toute l'infanterie et toute la cavalerie prussiennes. La *landwehr* même en fut pourvue.

La seconde campagne contre le Danemark, en 1864, mit en évidence la supériorité du fusil à aiguille sur les armes anciennes. Les Autrichiens qui combattaient alors à côté des Prussiens, purent voir par eux-mêmes, les effets de cette arme. Mais ils n'en furent pas sérieusement impressionnés. Il fallut le désastre de Sadowa pour leur ouvrir les yeux.

On a dit un moment que le fusil à aiguille prussien se tirait sans épauler, pour éviter le recul, dont la force est considérable. C'était une erreur. Il se tire comme tout autre fusil, en épaulant, à moins

CHAPITRE IV

que le but ne soit très-éloigné, car alors l'inclinaison qu'il faut donner à l'arme, pour assurer l'exactitude de la trajectoire, oblige à baisser la crosse très-bas, et empêche de la placer contre l'épaule. Mais ce cas est rare, et l'on peut encore éviter cette position en tirant un genou à terre.

Beaucoup de personnes se demandent comment il se fait que la Prusse soit restée longtemps la seule nation qui possédât une arme d'un effet si sûr et si terrible. La raison principale qui avait empêché les autres États de suivre l'exemple de la Prusse, c'est qu'on n'avait pas une confiance complète dans les avantages du fusil à aiguille. On le considérait comme étant d'un mécanisme compliqué et sujet à dérangement. On assurait qu'après un long tir, les gaz s'échappaient par les joints de la culasse, au point d'incommoder sérieusement le soldat. Le prix de la fabrication était, disait-on, trop élevé, etc. L'expérience a répondu d'une manière victorieuse à ces diverses objections. Les inconvénients que l'on a longtemps reprochés à cette arme, quant à son maniement habituel, n'existent plus, ou ne sont plus sensibles dans les fusils du nouveau modèle. L'aiguille du fusil prussien se casse quelquefois il est vrai ; mais le soldat a toujours dans sa poche plusieurs aiguilles de rechange. Habitué à réparer lui-même ce petit accident, il remplace, en un tour de main, l'aiguille cassée.

Les fusils à aiguille ont été imités dans le Hanovre, dans la Hesse-Electorale et dans le duché de Brunswick. Le fusil à aiguille du Brunswick ressemble beaucoup au fusil prussien. Le fusil hessois en est aussi une imitation.

On a prétendu que plusieurs États allemands, après avoir essayé d'introduire le fusil à aiguille dans l'armement de leurs troupes, ont dû renoncer à continuer l'usage de cette arme, en raison de la prompte altération des *pastilles* fulminantes. Les cartouches fabriquées hors de la Prusse, étaient, disait-on, hors d'usage au bout de quelques semaines, tandis que les cartouches prussiennes se conservent indéfiniment. On a cru devoir attribuer cette supériorité à quelque secret de fabrication de la capsule fulminante, secret qui serait entre les mains des artificiers prussiens.

Nous ne croyons pas qu'il y ait ici le moindre secret. En effet, d'après la composition de la *pastille* fulminante du fusil prussien, nous ne voyons pas que les matières en contact soient susceptibles de s'altérer spontanément. M. de Ploennies, dans l'ouvrage allemand qui nous a servi de guide pour cette étude,[1] nous apprend que la composition de la pastille fulminante du fusil prussien est la suivante : trois équivalents chimiques de chlorate de potasse, pour deux équivalents de sulfure d'antimoine ; c'est-à-dire, à peu près parties égales de l'un et de l'autre des deux corps (367,5 de chlorate de potasse et 333,6 de sulfure d'antimoine).

Ainsi le secret de la préparation de la capsule fulminante ne saurait être invoqué pour expliquer le privilège, resté longtemps aux Prussiens, de l'usage du fusil à aiguille. Introduire chez une nation une arme nouvelle, est toujours une grave et très-coûteuse mesure ; et l'on ne s'y résigne ordinairement qu'à la dernière extrémité. Voilà le seul obstacle qui se soit opposé à la généralisation du nouveau fusil, jusqu'aux événements de 1866. Dès qu'on le vit à l'œuvre sur le champ de bataille de Sadowa, on n'hésita plus, et partout on s'empressa de l'adopter, en s'efforçant de le rendre plus terrible encore.

Il est une particularité du fusil prussien, qui mérite d'attirer l'attention des physiciens, et sur laquelle, en 1866, M. le baron Séguier a beaucoup insisté, avec raison, devant l'Académie des sciences.

Dans le fusil prussien, le feu est mis à la poudre, comme on vient de le dire, en haut de la charge de poudre, par l'explosion d'une capsule, qui détone sous le choc de l'aiguille. Derrière la cartouche, et autour de la gaine dans laquelle marche l'aiguille, on a ménagé une petite *chambre à air*, de forme annulaire.[2]

Cette *chambre à air* jouerait, suivant M. Séguier, un rôle considérable. Elle empêcherait les gaz produits par la poudre, de se dégager tumultueusement hors du canon. Elle amortirait le premier choc des gaz, et rendrait leur expansion moins brusque. L'inventeur du fusil à aiguille ne se rendait peut-être pas bien compte à lui-même de l'importance de ce détail de son arme. En

1 *Le fusil à aiguille, notes et observations critiques sur l'arme à feu se chargeant par la culasse*, traduit de l'allemand de Guillaume de Ploennies. Brochure in-8, Paris, 1866.

2 Le capitaine Delvigne insiste depuis trente ans sur les avantages de cette chambre à air, ou espace vide laissé derrière la cartouche.

CHAPITRE IV

effet, la *chambre à air* a été successivement adoptée et supprimée dans les divers modèles du fusil prussien.

M. Regnault a très-clairement expliqué, en 1866, devant l'Académie des sciences, au point de vue de la théorie, les avantages que présente, selon lui, le mode d'inflammation de la poudre employé dans le fusil prussien.

Quand on enflamme la poudre par le bas de la cartouche, les gaz provenant de la combustion chassent hors du canon une partie de la poudre, qui, de cette manière, n'est pas brûlée, ou qui ne brûle qu'au dehors, sans utilité pour l'effet à produire. Lorsque, au contraire, on enflamme la poudre par le haut, c'est-à-dire près de la balle, de façon à faire brûler cette poudre d'avant en arrière et avec lenteur, les gaz ne se forment que progressivement, et la balle, au lieu de recevoir une impulsion unique et brusque, reçoit une série d'impulsions successives et croissantes. Par ce procédé, la poudre brûle en totalité dans l'*intérieur du canon*, et pas un grain n'en est perdu.

C'est ainsi qu'il faut se rendre compte, selon M. le baron Séguier, d'une partie des avantages du fusil prussien. Dans ce fusil, en effet, il existe, comme nous venons de le dire, derrière la charge, une chambre assez vaste. Dans cet espace libre, les gaz provenant de la combustion de la poudre se logent, pour un certain temps, et vont de là exercer progressivement leur action sur le projectile. Cette disposition a le grand avantage d'éviter la projection hors du canon d'une partie de la poudre non brûlée qui accompagne le projectile, quand on enflamme, comme à l'ordinaire, la poudre d'arrière en avant.

Elle a encore l'avantage de maintenir la poudre non encore brûlée dans la partie la plus comprimée, et par suite la plus chaude, des gaz contenus dans le canon, ce qui favorise à la fois sa combustion complète et son maximum d'effet mécanique.

Les fusils ordinaires lancent du feu par le canon ; ce qui veut dire qu'une flamme se produit à l'extérieur, par suite de la combustion de la poudre, qui, projetée en dehors, s'enflamme en arrivant dans l'air et brûle alors en pure perte. Les fusils à aiguille ne donnent qu'une traînée blanchâtre ; on ne voit pas de feu à la sortie du canon, même si l'on tire dans la cave la plus obscure. Moins de bruit, point de feu d'artifice, mais plus d'énergie, voilà ce qui distingue ces nouvelles armes.

Ainsi la théorie justifie sur presque tous les points et explique les avantages des armes à aiguille, c'est-à-dire l'inflammation intérieure de la charge par une composition fulminante.

CHAPITRE V

LE FUSIL CHASSEPOT. — SES EFFETS. — TRANSFORMATION DE NOS ANCIENS FUSILS EN FUSILS À TABATIÈRE.

La campagne de Bohême et les victoires de la Prusse sur le champ de bataille de Sadowa, en 1866, montrèrent, avec une foudroyante évidence, les mérites du fusil prussien. À la suite de ces événements, et en présence de ces résultats, les nations de l'Europe qui avaient laissé passer, sans trop d'attention, le fusil à aiguille, ont dû revenir de leur indifférence, et adopter l'arme nouvelle. En France, comme ailleurs, on s'est empressé de remplacer les anciens fusils à piston par le fusil à aiguille. Seulement, le fusil prussien était passible de divers reproches. Une commission formée au Ministère de la guerre, étudia, en 1866, les modifications qui pourraient être apportées à ce système, et, de ses études, vint l'adoption d'un modèle irréprochable de fusil à aiguille, proposé par M. Chassepot.

C'est ce fusil, désigné officiellement sous la rubrique d'*arme modèle* 1866, que nous allons décrire. Les détails qui précèdent, et qui renferment l'exposé des principes de la construction du fusil prussien, nous permettront de beaucoup abréger la description de la nouvelle arme française.

Les pièces qui composent le *fusil Chassepot* sont plus simples et moins délicates que celles du fusil prussien. Le chien est de dimensions suffisantes. Il offre une grande prise, par suite de la rugosité de la surface qui le termine. De plus, afin que dans l'armement du chien, cette pièce ne vienne pas à être forcée par la pression exercée, on l'a munie d'une roulette, pour faciliter le glissement. En tirant le chien, auquel tient une partie de la gaine, contenant le ressort de l'aiguille, le fusil est armé.

Pour ouvrir la chambre, on tire la culasse, au moyen de la poignée ; on place la cartouche, dans la cavité qui doit la recevoir, devant un disque d'acier d'un rayon moindre que celui de la chambre. Au-dessous de ce disque, se trouve un petit cylindre en caoutchouc, remplissant exactement le diamètre de la chambre. Ce cylindre est plus galvanisé sur les bords qu'au milieu, de telle sorte que, sous l'influence de la pression des gaz, la partie centrale du caoutchouc cède et empêche la sortie des vapeurs par les jointures de la culasse mobile avec le canon. Le recul est médiocre.

Fig. 372. — Chassepot.

Pour fermer l'arme, on repousse la poignée à sa première place, puis on la rabat sur le côté.

Le premier de ces mouvements enfonce la cartouche dans le canon ; le second immobilise la culasse en plaçant une partie saillante de la poignée, dans une encoche.

En tirant la gâchette, la détente débande le ressort de l'aiguille qui frappe la capsule fulminante, et le chien est ramené, après le coup de feu, à sa première position.

Louis Figuier

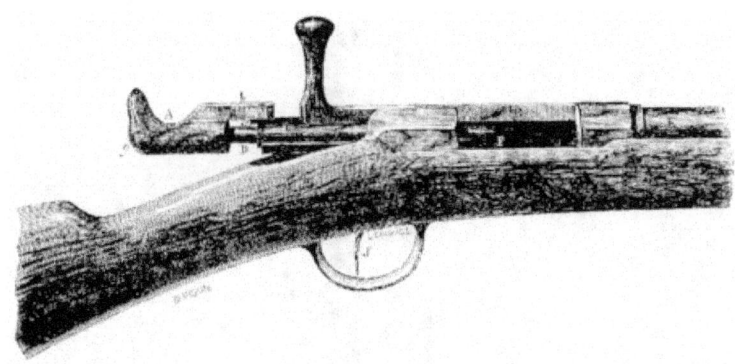

Fig. 373. — Fusil Chassepot ouvert pour mettre la cartouche.

M,	poignée servant à tirer la culasse mobile pour découvrir la chambre, et placer la cartouche.
A,	chien que tire le soldat pour armer le fusil, c'est-à-dire pour tendre le ressort de l'aiguille.
g,	roulette noyée dans l'épaisseur du chien A, pour adoucir le glissement de la culasse mobile.
a,	targette formant arrêt au moment de la charge.
L,	languette portant la targette *a*, pour maintenir la tige D, ou porte-aiguille, au moment d'introduire la cartouche.
C,	culasse mobile dans laquelle est contenue l'aiguille.
h,	coulisse servant à guider la culasse dans son mouvement.
B,	coulisse dans laquelle glisse la culasse mobile.
D,	tige portant l'aiguille.
F,	extrémité du porte-aiguille placé en face de la cartouche.
K,	partie du canon nommée *tonnerre*, et qui est fixe.
J,	gâchette de la détente.

CHAPITRE V

Fig. 374. — Coupe de la cartouche du fusil Chassepot.

La cartouche (*fig.* 374) est en papier mince, et consolidée par une enveloppe de gaze de soie ; elle présente ainsi les deux qualités essentielles de toute bonne cartouche, à savoir légèreté et solidité. Un avantage inappréciable, c'est qu'elle est complètement brûlée par la combustion de la poudre. La capsule est fixée à la base inférieure de la cartouche, l'ouverture tournée en face de l'aiguille. Elle diffère en cela de la cartouche du fusil prussien, dans lequel l'aiguille doit traverser toute la poudre, pour aller frapper la capsule fulminante. Nous avons expliqué assez longuement les avantages que l'on trouve à produire ainsi l'inflammation par le haut de la cartouche et non par le bas, comme dans le cas ordinaire. Mais cette disposition exigeait que l'on employât une aiguille deux fois plus longue et par conséquent plus fragile. C'est ce qui a décidé, en France, à renoncer à placer la capsule au haut de la cartouche. Les avantages théoriques que nous avons énumérés plus haut

Louis Figuier

concernant ce mode d'inflammation, ne pouvant, à ce qu'il paraît, contre-balancer l'inconvénient de la trop grande longueur de l'aiguille.

Quand l'aiguille vient choquer le fulminate, la flamme se communique à la poudre par deux petits trous percés dans le fond de l'alvéole.

La cartouche française est coûteuse, et sa fabrication demande de minutieuses précautions ; mais elle fonctionne admirablement.

Après ces explications préalables, on comprendra mieux les deux figures qui représentent le mécanisme du fusil Chassepot, avec les légendes qui expliquent l'usage de ses différents organes. La figure 373 représente le fusil ouvert pour le chargement ; la figure 375 représente l'arme au moment où l'aiguille frappe la capsule fulminante.

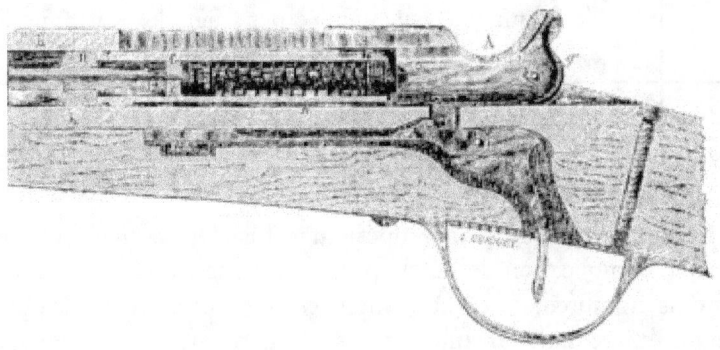

Fig. 375. — Coupe du fusil Chassepot laissant voir l'aiguille au moment où elle frappe la capsule fulminante.

A,	chien que tire le soldat pour armer le fusil, c'est-à-dire pour tendre le ressort de l'aiguille.
B,	coulisse dans laquelle glisse la culasse mobile.
C,	culasse mobile contenant le ressort de l'aiguille.
h,	coulisse-guide de la calasse mobile.
c,	épaulement sur lequel s'arrête l'aiguille lorsqu'elle a été lancée par le ressort à boudin.

D,	tige cylindrique portant l'aiguille. La tête de l'aiguille est tenue à son extrémité par une attache à baïonnette qui permet au soldat de la remplacer en quelques secondes, lorsqu'elle vient à casser. La vis à tête carrée v se retire alors pour extraire la tige D et son ressort.
E,	aiguille.
F,	guide de l'aiguille portant, en H, une rondelle de caoutchouc, qui étant comprimée par le gaz provenant de l'explosion de la poudre au moment du tir, produit la fermeture hermétique de la culasse.
K,	tonnerre.
L,	canon.
G,	pastille fulminante qui, frappée par l'aiguille, enflamme la poudre de la cartouche.
I,	ressort à talon pour l'arrêt de la détente.
J,	gâchette de la détente.

Le fusil Chassepot est bien supérieur au fusil Dreyse. Il ne présente pas la complication de l'arme prussienne ; ses mouvements sont moins nombreux ; le chargement est rapide et facile. L'aiguille étant retirée dans sa gaine pendant le chargement, et ne pouvant en sortir qu'au moment du tir, toute explosion de la cartouche, durant la charge, est rendue impossible. Plus de perte de gaz ni d'encrassement, ce qui ne contribuait pas peu à diminuer la vitesse du tir.

Le fusil Chassepot est plus court que notre ancien fusil de munition ; il ne pèse que 3 kilogrammes, et porte un sabre-baïonnette plus léger que l'ancien. La forme en est élégante et satisfait l'amour-propre de nos soldats.

Le canon, dont le calibre est de 11 millimètres, porte 4 rayures hélicoïdales. Grâce à l'absence de toute déperdition de gaz, ces rayures conservent tout leur effet, et font de l'arme une véritable carabine.

Louis Figuier

M. le maréchal Niel a adressé à l'Empereur (*Moniteur* du 26 *mai* 1868) un rapport plein d'intérêt sur les résultats des essais de tir avec le nouveau fusil. D'après ce rapport, le fusil Chassepot peut tirer, sans viser, 14 coups par minute, et en visant, 10 coups par minute. Il porte à 1 000 mètres, plus sûrement que l'ancien fusil ne portait à 400 mètres. À cette énorme distance, un soldat quelque peu expérimenté met 24 balles sur 100 dans une cible. Une armée de 20 000 hommes, munie de cette machine destructive, pourrait tirer, par minute, 280 000 coups, et coucher par terre 56 000 ennemis, si le tir du champ de bataille était aussi précis que le tir à la cible.

Avec cette arme prodigieuse, la victoire et la défaite pourront être décidées en quelques minutes. Une vingtaine de feux de file termineront une bataille. On s'attaquera à un quart de lieue de distance, sans presque se voir. Avant qu'on ait pu s'approcher, les nouveaux fusils auront fait leur œuvre d'extermination : l'ennemi, épouvanté et décimé, sera mis en fuite. Ainsi, le canon lui-même est dépassé, et les soldats, on peut le dire, ont la foudre en main.

Le rapport du maréchal Niel sur lequel s'appuient ces étonnantes conclusions, a une grande importance dans la question qui nous occupe. Nous croyons devoir, en conséquence, mettre la plus grande partie de ce document sous les yeux de nos lecteurs. Dans ce genre de questions, les chiffres, les résultats précis, forment seuls l'opinion ; c'est donc sur les chiffres qu'il faut insister.

Le rapport du maréchal Niel à l'Empereur a pour but de résumer l'ensemble des résultats obtenus depuis que la transformation de notre armement est devenue un fait accompli. Après quelques mots d'introduction, l'auteur du rapport s'exprime en ces termes :

« Commencée au mois de septembre 1866, mais à titre d'essai, par le bataillon de chasseurs à pied de la Garde impériale qui avait été désigné pour procéder aux premières expériences, la remise du nouveau fusil dans les corps de la Garde ne date réellement que de la fin du mois de mars 1867.

« Successivement étendue aux divers corps d'infanterie de la ligne, au fur et à mesure de l'avancement de la fabrication, cette opération considérable s'est terminée au mois d'avril 1868, c'est-à-dire dans un laps de temps qui n'excède pas une année.

CHAPITRE V

« Quelque récente que soit encore, surtout pour beaucoup de corps d'infanterie de la ligne, l'époque de la mise en service du nouveau fusil, les épreuves déjà faites permettent cependant d'asseoir, dès à présent, l'opinion sur sa valeur réelle comme arme de guerre.

« Sa portée réglementaire efficace est de 1 000 mètres et peut facilement atteindre à 1 100 mètres.

« Le projectile, animé d'une vitesse initiale de 410 mètres à la seconde, parcourt une trajectoire assez tendue pour qu'à la distance de 230 mètres elle ne s'élève pas à plus de $0^m,50$ au-dessus de la ligne de mire, tension qui constitue l'une des conditions les plus favorables à l'efficacité du tir.

« Par suite de la simplicité et de la promptitude du chargement que l'homme peut exécuter avec la même facilité dans toutes les positions, à genou, assis, couché, aussi bien que debout, les soldats arrivent à tirer 7, 8 et même 10 coups par minute en visant, et jusqu'à 14 coups sans viser.

« Il n'est pas inutile de rappeler ici que pour l'ancien fusil d'infanterie le maximum de portée efficace n'a jamais dépassé 600 mètres avec une vitesse initiale de 324 mètres à la seconde seulement ; et c'est à peine si dans les conditions normales d'un tir régulier le soldat bien exercé pouvait tirer plus de deux coups par minute, avec une arme dont le chargement par la bouche, ne pouvant s'exécuter que dans la position debout, le contraignait en outre à se découvrir en toutes circonstances.

« Ainsi : augmentation considérable, presque double de l'ancienne, dans la portée du tir, accroissement du tiers dans la vitesse du projectile, tension beaucoup plus grande de la trajectoire ; telles sont, jointes à une rapidité de tir inconnue jusqu'alors, les qualités essentielles que révèle tout d'abord la pratique du fusil modèle 1866.

« Au point de vue de la précision, ses avantages ne sont pas moins satisfaisants.

« J'ai fait faire avec soin le relevé des séances consacrées au tir à la cible dans les différents corps depuis qu'ils sont en possession du nouveau fusil.

« L'armement n'ayant pu être distribué à la même époque dans tous les corps de l'armée, cette partie de l'instruction, dont le degré

Louis Figuier

d'avancement est nécessairement proportionnel au temps écoulé depuis la mise en service de l'arme, n'est en quelque sorte que commencée pour un assez grand nombre de corps d'infanterie de la ligne. Et cependant, dès les débuts, les premiers résultats signalés se montrent déjà très-sensiblement supérieurs à ceux obtenus avec l'ancien fusil rayé que les hommes connaissaient bien et qu'ils avaient appris à pratiquer de longue main.

« Quant aux résultats obtenus par les régiments de la Garde, et surtout par le bataillon de chasseurs à pied, celui de tous les corps qui, par la priorité de l'armement, a eu le plus de temps à employer à ces exercices, ils témoignent par leurs progrès rapides de la facilité avec laquelle les hommes se familiarisent avec leur arme tout autant que de sa grande précision.

« Le tableau ci-après, indiquant le nombre moyen des balles, sur 100, mises dans la cible aux différentes distances, d'abord avec l'ancien fusil, puis avec le nouveau, pour chacune des catégories de troupe correspondant aux époques successives de l'armement, présente, sous ce rapport, des comparaisons du plus haut intérêt, dont je demande à Votre Majesté la permission de placer le détail sous ses yeux :

MOYENNES OBTENUES :	MOYENNES DE TIR aux distances de				
	200^m	400^m	600^m	800^m	$1\,000^m$
Avec l'ancien fusil rayé :					
Infanterie de ligne	30,8	15,8	8,3	»	»
—					
Avec le fusil modèle de 1866 :					
Infanterie de ligne.	35,6	26,2	19,7	14,3	8,2

(Instruction commencée depuis peu.)					
Infanterie de la Garde	59,4	37,3	26,0	21,0	16,0
(Instruction plus avancée.)					
Chasseurs à pied de la Garde	69,8	46,6	36,1	28,4	27,7
(Instruction complète.)					

« Dès aujourd'hui, si l'on prend la moyenne générale obtenue avec le fusil modèle 1866, il est facile d'apprécier combien cette arme remporte en précision sur l'ancien fusil rayé, aux distances ordinaires de 200, de 400 et de 600 mètres.

« Aux grandes distances, à 1 000 mètres, les résultats utiles dépassent la moyenne de l'effet produit par ce dernier à 400 mètres, et atteignent au double de ceux obtenus auparavant à 600 mètres, limite extrême de la portée efficace du tir d'alors.

« Ces résultats eux-mêmes ne sont pas encore l'expression définitive de la valeur du tir nouveau.

« Lorsque les corps armés depuis peu auront eu le temps de compléter leurs exercices, il est hors de doute que la moyenne de tir des corps d'infanterie de la ligne s'élèvera promptement, comme pour ceux de la Garde, dans de fortes proportions.

« Plusieurs inconvénients provenant de diverses causes, inhérentes pour la plupart à des défauts de détail dans la fabrication, et auxquels il a été promptement apporté remède, se sont manifestés pendant les essais et au commencement de la mise en service dans les corps.

« Ces inconvénients, très-exagérés à leur origine, et dans tous les cas, rendus plus sensibles par le manque d'habitude chez nos soldats, dans le maniement d'une arme toute nouvelle pour eux, consistent en des bris d'aiguilles et de têtes mobiles, des

Louis Figuier

crachements, des fentes au bois, des ratés de cartouches à balles et surtout à blanc.

« Aucun de ces accidents ne présente aujourd'hui de caractère sérieux de gravité.

« En se familiarisant avec leur fusil, les hommes apprennent facilement, et en très-peu de temps, à éviter d'eux-mêmes des inconvénients qui ne se reproduisent plus guère que dans les corps nouvellement armés.

« Les bris d'aiguilles et de têtes mobiles, assez nombreux pendant la période d'essai, provenaient d'une trempe défectueuse et d'un recuit insuffisant. Il y a été remédié en modifiant la fabrication en conséquence, et la moyenne des aiguilles remplacées dans les corps est maintenant très-faible ; elle est inférieure à celle des bris de cheminées dans les anciens fusils à percussion, et encore bon nombre de ces accidents doivent-ils être attribués bien plus à la maladresse de quelques hommes qu'à une défectuosité dans le mécanisme de l'arme.

« Le remplacement d'une aiguille brisée au feu est, du reste, une opération extrêmement simple, à laquelle les soldats sont exercés et qu'ils effectuent, sur place, avec la plus grande rapidité.

« Les crachements, ayant pour cause un défaut de fabrication de l'arme, sont extrêmement rares ; on y remédie en changeant la boîte de culasse ou le cylindre de la culasse mobile.

« Le même accident peut être occasionné par des rondelles défectueuses ; rien n'est plus simple que de changer ces rondelles.

« Enfin, sous l'influence de l'abaissement de la température, des fuites de gaz ont été quelquefois observées, mais seulement par des froids assez considérables qui ôtent à l'obturateur son efficacité. L'expérience a démontré que, dans ce cas, les crachements disparaissent presque toujours après le premier coup tiré, l'obturateur reprenant sa forme normale sous l'action de la chaleur développée par l'inflammation de la charge.

« Ces crachements, d'ailleurs, susceptibles peut-être de gêner le tireur, ne paraissent pas de nature à le blesser.

« Quelques bois se sont fendus par suite d'une mise en bois défectueuse ; ce défaut est évité actuellement en manufacture. Au

CHAPITRE V

moyen d'une légère réparation, les bois fendus ne cessent pas d'être susceptibles d'un bon service dans les corps.

« Les premières cartouches dont on s'est servi étaient de dimensions un peu faibles ; sous le choc de l'aiguille elles glissaient en avant ; de là des ratés dont le chiffre a paru tout d'abord assez élevé.

« Ces effets étaient surtout sensibles avec les cartouches à blanc qui ne se trouvaient point arrêtées par le projectile comme la cartouche à balle.

« On y a remédié en allongeant un peu les cartouches à balles et sans balles, et en augmentant faiblement le diamètre de la cartouche sans balle,

« Les ressorts à boudin trop faibles produisent aussi des ratés que l'on évite en employant des ressorts plus forts. On en exécute le changement avec la plus grande facilité.

« Malgré quelques imperfections de détail, inévitables dans les débuts de tout système nouveau, l'ensemble de notre armement est excellent. Tous les corps l'ont accueilli avec le plus vif sentiment de satisfaction.

« Le nouveau fusil, plus léger que l'ancien, gracieux de forme, plaît au soldat ; plein de confiance en son arme, il l'aime, l'entoure de soins tout particuliers, marque de prédilection bien frappante qui prouve une fois de plus combien, avec leur intelligente perspicacité, nos soldats saisissent spontanément et apprécient ce qui est réellement bon et utile.

« Le fusil modèle 1866 est d'un maniement aisé ; son mécanisme est simple et commode, son entretien facile. Il n'exige qu'une instruction très-courte pour devenir familier aux hommes, qui le montent et le démontent sans difficulté, et apprennent promptement à remplacer les pièces mobiles dont ils sont munis, telles que les rondelles, l'aiguille, la tête mobile et le ressort à boudin.

« En très-peu de temps le soldat le moins adroit peut être initié à la manœuvre de tout le système.

« Les expériences faites avec le plus grand soin, l'année dernière, au camp de Châlons, puis en Italie par les troupes du corps

Louis Figuier

expéditionnaire, dans les circonstances climatériques les plus diverses et souvent les moins favorables, ont fourni la preuve que, sous une apparence un peu délicate, le nouveau fusil remplissait les meilleures conditions pour satisfaire à toutes les nécessités du service de campagne.

« Étudié à tous les points de vue, le fusil dont l'infanterie française vient d'être dotée réunit au plus haut degré, à une précision et une rapidité de tir incomparables, des qualités qui doivent lui assurer le premier rang parmi les armes de guerre aujourd'hui en usage. »

Tout en poussant avec une grande activité la fabrication des fusils Chassepot, le Gouvernement français songeait à utiliser les anciens fusils de munition qui remplissaient nos arsenaux. La transformation de ces anciens fusils en fusils Chassepot étant impossible à réaliser, à cause de la dépense excessive qu'elle aurait exigée, on chercha, parmi les différents systèmes connus d'armes se chargeant par la culasse, celui qui se prêterait le plus économiquement à une transformation en fusil se chargeant par la culasse. Le choix s'est fixé sur une combinaison de deux systèmes d'origine anglaise, les fusils *Enfield et Snider*.

Dans le fusil *Enfield-Snider*, la partie supérieure du canon s'ouvre, sur une longueur d'environ 5 centimètres, pour l'introduction de la cartouche. Quand la cartouche a été placée, cet espace est recouvert par une pièce qui pivote sur un axe parallèle à celui du canon et fixé à sa droite. Cette même pièce porte une broche qui aboutit, d'un côté, à la base de la cartouche, et, de l'autre, fait un peu saillie à l'extérieur. Le chien, qui est semblable à celui des fusils à percussion, en frappant sur cette broche, la pousse sur l'amorce, par l'intermédiaire d'un ressort à boudin, et détermine l'explosion. La cartouche est métallique et à inflammation centrale.

Le bon côté de cette arme, c'est que l'étui de la cartouche se retire pour ainsi dire de lui-même, après chaque coup, ce qui réduit à presque rien sous ce rapport le rôle du tireur.

La transformation de nos anciens fusils en fusils Enfield-Snider a consisté à couper le canon à sa base, et à rapporter une culasse du nouveau système, taraudée et vissée sur le canon. C'est ainsi que l'on a obtenu ce que l'on nomme, en France, le *fusil transformé*, et vulgairement le *fusil à tabatière*. Ce n'est pas un fusil à aiguille, mais

CHAPITRE V

un fusil se chargeant par la culasse, et dans lequel on a conservé l'ancien chien des fusils à percussion.

Les figures 376 et 377, avec les légendes qui les accompagnent, feront aisément comprendre le jeu de différentes pièces du fusil transformé.

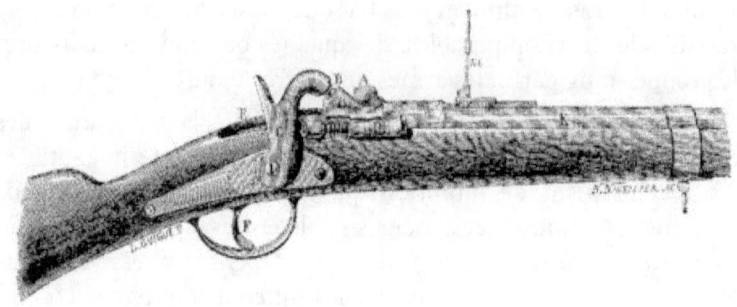

Fig. 376. — Fusil transformé, dit fusil à tabatière.

A,	fermeture mobile se relevant comme le couvercle d'une tabatière, pour ouvrir la chambre et y placer la cartouche.
A′,	échancrure dans laquelle retombe le couvercle A pour l'empêcher de reculer au moment de l'explosion.
B,	cheminée porte-capsule.
C,	chien de l'ancien fusil à percussion, qui est conservé dans cette arme.
D,	charnière de la fermeture mobile ; elle porte un ressort à boudin, qui repousse le couvercle, pour retirer la cartouche. Par ce mouvement, la cartouche sort suffisamment du tonnerre pour que le soldat puisse la saisir et la retirer entièrement.
E,	partie creusée dans le prolongement de la culasse, pour y engager la cartouche et faciliter sa mise en place dans la chambre.

Louis Figuier

F,	gâchette de la détente, dont le mécanisme est resté le même que pour les anciens fusils à percussion.
K,	canon.
m,	hausse de prévision.

Fig. 377. — Fusil à tabatière montrant la boîte ouverte.

De l'aveu des hommes spéciaux, l'arme ainsi transformée ne donne pas d'aussi bons résultats qu'on aurait pu le croire, à cause de certains détails d'exécution qui nuisent à son bon fonctionnement. L'ancienne batterie et les anciens chiens étant conservés, la percussion ne peut plus se faire qu'obliquement, ce qui est un défaut grave. Le manque de régularité dans la forme des cartouches est un autre défaut.

Nous ne quitterons pas ce sujet sans rendre justice aux États-Unis d'Amérique, qui sont entrés de bonne heure dans la voie du progrès, en ce qui concerne les armes portatives Le mode de chargement par la culasse a reçut bon accueil en Amérique, dès son apparition, et il s'y est perfectionné, grâce à un outillage remarquable. L'épreuve décisive des fusils se chargeant par la culasse, a même été faite par les Américains avant les Prussiens, dans la longue guerre, dite de *Sécession*, qui divisa le Nord et le Sud, en 1862.

Nous n'avons pas l'intention d'examiner successivement les divers systèmes imaginés de l'autre côté de l'Atlantique ; nous ne signalerons que par leur nom, les fusils se chargeant par la culasse, inventés par *Peabody, Remington, Howard*, etc., armes qui jouissent aux États-Unis, d'une réputation méritée.

Après avoir passé en revue les armes portatives les plus

CHAPITRE V

remarquables construites sur le principe du chargement par la culasse, il nous reste à examiner, d'une manière générale, les avantages et les inconvénients de ce système, ainsi que l'ensemble de conditions auxquelles il doit satisfaire pour donner de bons résultats.

Voici les principaux avantages que présentent les armes de guerre qui se chargent par la culasse.

Elles rendent inutile la baguette, qui est trop souvent pour le tireur, une cause d'embarras. — Le chargement est prompt et facile, même pendant la nuit ; il peut s'effectuer sans bruit et dans toute position, le soldat étant couché ou à genoux, abrité derrière un obstacle quelconque. — La promptitude de la charge et la rapidité du tir qui en résulte, augmentent, en quelque sorte, le nombre des combattants, et permettent de donner en même temps plusieurs salves successives de coups de fusil. — On peut charger l'arme en croisant la baïonnette, ce qui est capital lorsqu'il s'agit de repousser une attaque de cavalerie. — La cartouche ne peut pas glisser hors du canon, lorsqu'on porte l'arme la bouche en bas, comme c'est l'usage dans la cavalerie. — La balle repose toujours sur la poudre, au lieu de s'arrêter dans le canon, accident dangereux qui arrive quand le chargement n'a pas été fait avec l'énergie nécessaire. — Il est impossible de mettre plusieurs cartouches à la fois. — On peut décharger le fusil en retirant la cartouche sans la brûler. — Le nettoyage du canon est simplifié d'une manière extraordinaire. — L'emploi de cartouches spéciales, portant avec elles leurs amorces, contribue beaucoup à abréger l'opération du chargement, et à augmenter la rapidité du tir. — Enfin le soldat n'est pas le maître, comme il arrivait autrefois, de jeter la moitié de la poudre de sa cartouche, pour éviter un recul trop fort, ou pour tout autre motif.

Ces avantages sont tellement nombreux et décisifs, qu'il est de toute évidence que les fusils se chargeant par la bouche du canon, ne se présentent plus à nos yeux que comme l'enfance de l'art, et que leur règne, comme arme de guerre, est à jamais fini.

On comprend sans peine que, grâce à la rapidité de tir du fusil Chassepot, il soit possible de concentrer presque instantanément, sur un point donné, une attaque assez énergique pour culbuter et mettre en déroute l'ennemi, avant qu'il ait eu le temps de reformer ses rangs, décimés par un feu foudroyant. Chaque soldat pouvant porter avec lui de 75 à 120 cartouches, et tirer 10 coups par minute, un général d'infanterie, en choisissant avec habileté le moment de commencer le feu, aura toujours devant lui un temps plus que suffisant pour obtenir de sa troupe toute l'action qu'il peut en attendre. En supposant même que les soldats usent toutes leurs cartouches, le feu pourra être entretenu pendant près d'une heure. Or, Il est très-rare que deux armées restent une heure en présence l'une de l'autre, à une portée de fusil, sans en venir à l'arme blanche.

Un feu très-rapide et très-nourri, comme on peut l'obtenir par l'emploi d'armes se chargeant par la culasse, présente donc d'immenses avantages, et donne une supériorité marquée à la troupe qui peut en disposer. Dans beaucoup de cas, il pourrait suffire pour décider l'action. On sait, en effet, que des troupes novices sont souvent déjà ébranlées et mises en déroute, lorsqu'un homme sur dix tombe dans les premiers rangs. Pour qu'une colonne résiste encore après avoir perdu un homme sur trois ou sur quatre, il faut qu'elle soit déjà bien aguerrie, et que la perte se distribue sur un espace de temps assez considérable. Quand un tiers des soldats est mis hors de combat dans l'espace de quelques minutes, il est rare que la panique ne s'empare point des survivants, à moins que ce ne soient des hommes parfaitement éprouvés. En outre, un feu rapide et efficace présente l'avantage de réduire considérablement le nombre des adversaires dès le début de l'action.

Sous ce rapport, la supériorité d'un tir rapide est donc manifeste, et le chargement par la culasse, qui a permis de *tripler* la vitesse du tir, doit être considéré comme un immense progrès dans l'armement des troupes.

Quant aux inconvénients de ce mode de chargement, ils consistent dans la difficulté d'obtenir un mécanisme solide et durable, ainsi que l'obturation complète du tonnerre, obturation sans laquelle on ne peut éviter les crachements. Constatons néanmoins qu'on est parvenu aujourd'hui à y remédier d'une manière satisfaisante, si bien qu'aucune objection sérieuse ne peut plus être opposée à l'admission des armes se chargeant par la culasse dans la pratique de la guerre. La science n'a pas dit, sans doute, son dernier mot sur cette question, mais elle ne réalisera de nouveaux progrès qu'à la condition de se renfermer dans le programme suivant, auquel

CHAPITRE V

devra satisfaire, pour être reconnue excellente, toute arme se chargeant par la culasse :

1° Il faut que le mécanisme chargé d'ouvrir et de fermer le tonnerre, se manœuvre avec facilité et promptitude, et qu'il soit en même temps simple et solide.

2° L'obturation de l'arme doit être parfaite, pour empêcher toute fuite de gaz.

3° L'encrassement doit être assez lent pour ne pas devenir un obstacle au chargement de l'arme, au bout d'un temps qui n'excède pas la durée d'une campagne ordinaire.

4° L'arme doit être exempte de dangers pour le tireur ; elle doit être agencée de telle façon que le coup ne puisse pas partir avant la fermeture complète du tonnerre, et que le système obturateur soit fixé assez solidement, pour n'être pas chassé par la force de l'explosion.

5° Enfin, la cartouche doit être d'une fabrication facile et d'un prix modéré.

Le fusil Chassepot réalise la plupart de ces conditions. Les quelques inconvénients pratiques qu'il peut présenter encore, sont parfaitement rachetés par les avantages extraordinaires qui lui sont propres, et que nous avons énumérés.

CHAPITRE VI

FUSILS À RÉPÉTITION. — SYSTÈMES SPENCER ET WINCHESTER. — REVOLVERS. — SYSTÈMES COLT, ADAMS-DEANE, MANGEOT-COMBLAIN, LORON, LE MAT ET LEFAUCHEUX. — LA CARABINE JARRE. — LES MITRAILLEUSES. — LA MITRAILLEUSE BELGE ET LA MITRAILLEUSE AMÉRICAINE. — CONCLUSION.

On nomme *fusils à répétition* des armes dans lesquelles sont emmagasinées à la fois plusieurs charges, qu'on introduit successivement dans le canon, à l'aide d'un mécanisme simple et rapide. Sous le rapport de la vitesse du tir, les fusils de ce genre sont bien supérieurs aux meilleures armes se chargeant par la culasse ; et on le conçoit facilement, puisqu'ils permettent de tirer plusieurs coups sans exécuter, après chaque coup, cette série de mouvements, qui constituent la charge ordinaire, et entraînent une perte de temps plus ou moins grande, suivant les systèmes.

On peut, toutefois, se demander s'il y a utilité réelle à dépasser certaines limites dans la précipitation du tir, et si les sacrifices qu'on s'impose pour atteindre au plus haut degré de perfection, dans ce sens, sont bien en rapport avec les résultats obtenus ? Que l'on parvienne, par exemple, à tirer 20 ou 25 coups par minute, n'y aura-t-il pas une énorme quantité de balles perdues, par l'effet même de cette rapidité, et aussi par suite du nuage de fumée qui séparera bientôt les partis ennemis ? On aura donc usé beaucoup de munitions pour faire peu de besogne : la montagne aura accouché d'une souris.

Il suit de là que les armes à répétition ne sont vraiment avantageuses que dans les combats corps à corps, principalement pour la défense. On ne saurait nier que, dans ces conditions, un feu bien nourri, et pour ainsi dire non interrompu, ne soit extrêmement profitable. Mais ces circonstances se présentent rarement à la guerre : les armes à répétition n'ont donc de chances d'être préférées à celles se chargeant par la culasse, qu'à la condition de prendre un caractère mixte, c'est-à-dire de pouvoir se charger à chaque coup de la manière ordinaire, tout en conservant une réserve de quelques cartouches, qu'on dépenserait lorsque le besoin s'en ferait sentir, par le procédé expéditif. En d'autres termes, elles devraient être à la fois des armes ordinaires et des fusils à répétition.

Dans le système à répétition, il y a un écueil, contre lequel sont venus échouer presque tous les inventeurs. On a toujours voulu emmagasiner trop de coups, et l'on a ainsi exagéré outre mesure le poids de l'arme. Un autre inconvénient, qui est inhérent au système lui-même, et qui ne pourra jamais être annulé par les inventeurs, c'est que le centre de gravité de l'arme se déplace nécessairement à mesure que le nombre des cartouches diminue. Le soldat perd ainsi tous les avantages qui résultent de l'habitude et d'une longue connaissance de son arme ; car il lui semble, à chaque instant, avoir un nouveau fusil entre les mains.

L'idée de l'arme à répétition est déjà ancienne. Étudiée et abandonnée à diverses reprises, elle n'est entrée que récemment

CHAPITRE VI

dans le domaine de la pratique, grâce à l'invention des cartouches métalliques, qui seules pouvaient lui assurer une sécurité complète.

C'est l'Amérique qui confectionna, pour la première fois, les cartouches métalliques pour les armes de guerre. Ces cartouches se composent d'un tube en cuivre rouge, analogue au tube en carton de la cartouche Gévelot, employée dans le fusil Lefaucheux. À la partie postérieure de ce tube, est placée une pastille de fulminate de mercure, qui reçoit le choc d'un percuteur quelconque, et détermine l'inflammation de la poudre.

Les cartouches métalliques ont été appliquées avec succès aux armes se chargeant par la culasse : le tube de cuivre fait l'office d'obturateur, et empêche, en outre, tout encrassement du tonnerre, en s'opposant à l'action des gaz sur les parois du canon. Malheureusement, ces cartouches coûtent fort cher. Pour les fabriquer avec un degré suffisant de précision, il ne faut pas moins de dix ou douze machines différentes, et leur prix de revient varie de 8 à 20 centimes la pièce. À de telles conditions, la guerre deviendrait tellement onéreuse qu'elle serait impossible.

Nous devons ajouter, toutefois, que les cartouches de ce genre se détériorent rarement par l'effet du temps et de l'humidité de l'atmosphère, ce qui diminue de beaucoup la dépense. C'est ce qui résulte d'une déclaration du colonel américain Benton, commandant de l'arsenal de Washington en 1866. Cet officier s'exprimait ainsi, au sujet des cartouches métalliques :

« Sur des centaines de milliers de cartouches métalliques qui sont revenues de l'armée, très-peu étaient avariées, tandis qu'une grande quantité de cartouches en papier, qui nous furent renvoyées, durent être refaites, parce qu'elles étaient usées ou détériorées par l'humidité. »

C'est seulement en Amérique que les fusils à répétition ont été sérieusement étudiés. C'est là que se sont produits les deux systèmes les plus remarquables, ceux de MM. Spencer et Winchester.

Louis Figuier

Fig. 378. — Fusil Spencer au moment du chargement.

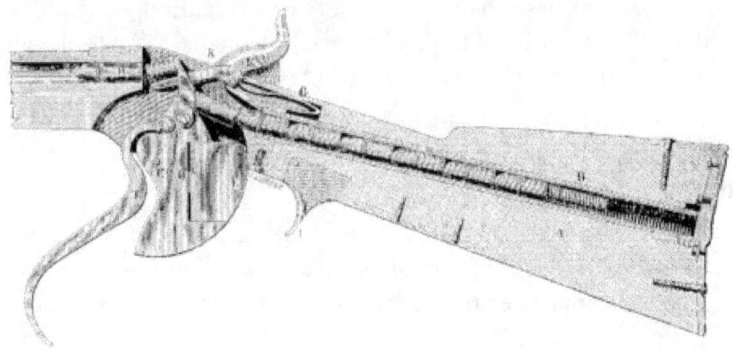

Fig. 379. — Fusil Spencer au moment du tir.

Système Spencer. — La crosse du fusil est percée, dans toute sa longueur, d'un conduit cylindrique, revêtu intérieurement d'un tube en métal. Dans ce tube, qui est fixe, en pénètre un second, qu'on pousse et qu'on retire à volonté. C'est le *magasin*, qui renferme, outre la provision de cartouches, un piston et un ressort à boudin, destinés à pousser les cartouches une à une, sur le mécanisme distributeur.

On se rendra compte du jeu de cette arme par l'examen des figures 378 et 379 : la première montre l'ensemble du fusil, en même temps qu'elle fait voir en coupe le mécanisme pendant le chargement ; la seconde représente une coupe du fusil chargé et prêt à tirer.

Dans la crosse A (*fig.* 378) est un tube contenant une suite de

CHAPITRE VI

cartouches métalliques pourvues de leur amorce ; un ressort à boudin, BB, tend à pousser toutes ces cartouches en avant. Mais un bloc CDE, mobile autour du point C, empêche les cartouches de sortir du magasin. Lorsqu'on abaisse le *pontet*, ou levier courbe, I, le bloc CDE s'abaisse aussi, et avec lui l'obturateur E, duquel la partie C est séparée par un ressort à boudin, D. Une cartouche H passe donc au-dessus de l'obturateur ; mais il n'en peut passer plus d'une, parce que la pièce K descend pour la maintenir et arrêter les suivantes, au moyen du ressort G. Lorsqu'on relève le *pontet* ou levier courbe I, la pièce K cesse d'agir dans ce sens, mais alors le bloc, ramené à sa première position, oppose un obstacle invincible à la cartouche la plus avancée contenue dans le magasin (*fig.* 379). Dès ce moment, l'arme est chargée. Il suffit, pour tirer, de relever le chien, qu'on a laissé abattu par mesure de précaution, et de presser la détente L. Le chien F frappe la pièce K, laquelle, à son tour, vient frapper l'amorce de la cartouche, H, et enflammer la poudre.

Système Winchester. — Dans ce système, comme dans le précédent, l'emmagasinage des cartouches se fait au moyen d'un tube qu'on glisse dans la monture.

Le mécanisme est tel qu'on peut, à volonté, tirer tous les coups sans interruption, ou bien un seul à la fois, en chargeant à la manière ordinaire, et réservant les coups emmagasinés pour un moment décisif. Le *fusil Winchester* est donc l'arme à double fin, dont nous parlions plus haut. Il peut tirer 22 coups par minute, et 15 coups successivement sans être rechargé. Lorsqu'on le charge cartouche par cartouche, il est inférieur au fusil prussien et au fusil Chassepot, car il ne tire que 8 à 10 coups par minute. Toutefois, cette vitesse est encore très-remarquable, et, si l'on ne s'en contente pas, on est bien difficile.

C'est sur le fusil Winchester, d'un maniement simple et d'un entretien facile, que la Suisse a jeté les yeux, en 1867, pour la transformation de son armement. La commission d'examen a fait preuve, en cette circonstance, d'un esprit judicieux. Considérant que le fusil Winchester est surtout avantageux pour la défense, et qu'une guerre défensive est la seule que puisse avoir à soutenir le peuple suisse ; considérant qu'un pareil choix augmentera notablement la force des nombreux points stratégiques que possède la Suisse, elle a pensé que le fusil Winchester devait être

Louis Figuier

préféré au fusil à aiguille adopté dans les autres États de l'Europe.

Après les fusils à répétition, viennent naturellement les *révolvers*, qui ne sont que des pistolets à répétition.

Toutefois, les *revolvers* sont fondés sur un autre principe que les fusils à répétition, l'arme étant beaucoup plus courte. Ils sont basés sur le principe de la révolution autour d'un axe commun, d'un certain nombre de tubes, portant chacun une cartouche. Ces tubes viennent se placer successivement devant l'âme, en formant son tonnerre.

La création du revolver ne date que de notre siècle. On pourrait cependant établir que l'idée sur laquelle il repose, est fort ancienne. C'est ce que prouvent plusieurs armes conservées dans les musées d'artillerie et les collections d'amateurs. Le pistolet n'ayant été connu qu'assez tard, c'est même aux mousquets, aux arquebuses, et ensuite au fusil, qu'on a songé d'abord à en appliquer le principe. Le Musée d'artillerie de Paris possède des armes tournantes à mèche et à rouet, et M. Anquetil, dans l'intéressante notice qu'il a publiée sur ces armes,[1] parle de deux fusils à cinq coups, appartenant à des amateurs de Bruxelles, dont l'un remonte à 1600, et l'autre à 1632.

Il est facile de comprendre pourquoi l'esprit d'invention des armuriers et des hommes spéciaux ne s'est dirigé que fort tard vers ce genre d'instruments. La conséquence la plus directe de l'accumulation des coups dans une arme, c'est d'augmenter son poids. Or, l'effort constant des siècles, depuis l'origine des armes portatives, a poursuivi le résultat contraire, c'est-à-dire la diminution de leur poids. Ce n'est qu'à partir du moment où l'on a songé à adapter l'appareil roulant au pistolet, c'est-à-dire à une arme légère, que l'on a pu se permettre d'y ajouter l'excédent de poids résultant du mécanisme à répétition, et que des perfectionnements sérieux ont pu être réalisés dans cette voie.

On avait oublié depuis longtemps les armes à cylindres tournants, lorsque, vers 1815, un armurier de Paris, nommé Lenormand, confectionna un pistolet à cinq coups. Ce pistolet était à révolution continue, c'est-à-dire qu'il n'était pas nécessaire de l'armer à chaque coup. Il n'avait qu'un canon, et cinq tubes groupés autour d'un tambour, auquel le mécanisme communiquait un mouvement

---

1 *Notice sur les pistolets roulants et tournants, dits révolvers*, in-8. Paris, 1855.

CHAPITRE VI

de rotation sur lui-même. Mais ce révolver offrait de graves inconvénients : il n'eut aucun succès.

Vint ensuite le *révolver Devisme*, à 7 coups, qui ne fut pas mieux apprécié. Un autre révolver dû à Hermann, de Liège, quoique moins imparfait, ne put davantage conquérir la faveur publique.

Peu après, parut le *pistolet Mariette*. Cette arme différait des précédentes en ce que, au lieu d'être à cylindre tournant, elle se composait d'un faisceau de canons, assemblés entre eux au moyen d'une culasse massive, formée d'autant de chambres qu'il y avait de canons. Le nombre des canons variait de 4 à 24 ; chacun se vissait sur l'une des chambres de la culasse. Dès qu'on pressait la détente, le faisceau et la culasse tournaient, et chaque canon venait se placer devant un marteau percuteur faisant l'office de chien ; il y était maintenu par un *arrêt* jusqu'au moment de *désencocher*.

Cette arme ne pouvait rendre de services qu'à bout portant.

Enfin, Malherbe vint… *Nous voulons dire Colt.*

C'est en 1835 que Samuel Colt, colonel des États-Unis, fit connaître le révolver qui porte son nom. Profitant habilement des travaux de ses devanciers, perfectionnant plutôt qu'inventant ; merveilleusement servi, d'ailleurs, par les circonstances, le colonel Colt résolut parfaitement le problème et réalisa, grâce à son revolver, une fortune considérable.

L'engouement, dont cette arme fut tout de suite l'objet, s'explique par le rôle qu'elle joua en 1837, dans la guerre des États-Unis contre les tribus sauvages de la Floride. Elle contribua beaucoup, dit-on, à la prompte soumission des Peaux-Rouges, qui se montrèrent prodigieusement surpris de voir leurs ennemis tirer six coups de suite d'une arme à feu sans la recharger.

Dans les premiers temps de la découverte du Nouveau Monde, les naïfs habitants de ces contrées furent frappés de stupeur, devant les effets des mousquets des Espagnols. Trois siècles après, grâce aux progrès de la civilisation, les habitants des mêmes contrées, familiarisés avec les armes à feu, n'étaient plus surpris que de voir un pistolet tirer six coups de suite. Les Incas et les habitants primitifs des Antilles, s'imaginaient que les conquérants espagnols portaient avec eux le feu du ciel ; de nos jours, leurs descendants, un peu façonnés à la vie moderne, ne s'effrayaient que des progrès de la mécanique.

Les succès du *révolver*, chez les Américains, s'expliquent par le caractère particulier de cette nation. Sur la terre d'Amérique, encore incomplètement civilisée, on se trouve souvent dans la nécessité de se faire justice soi-même. Une arme peu gênante, très-portative et très-redoutable à la fois, devait donc être accueillie à bras ouverts par les Américains, toujours disposés à mettre la main à leur poche, pour en retirer un pistolet chargé.

Le révolver Colt (*fig.* 380) a subi quelques améliorations depuis sa première apparition, mais il n'en a pas moins conservé les dispositions principales que l'inventeur avait adoptées. Voici en quoi consiste son mécanisme.

Fig. 380. — Le révolver Colt.

Il n'y a qu'un seul canon. Dans l'intérieur de ce canon sont creusées sept rayures. À la partie postérieure, il se termine par une pièce massive, ou *bloc*, A, dans laquelle vient se fixer la *broche-mère*, qui lui est parallèle. Cette broche-mère n'est autre chose qu'un cylindre plein, autour duquel tourne l'appareil roulant, nommé *barillet* ou *tambour*, B. Ce tambour est un cylindre, dans lequel sont ménagées des *chambres*, servant, chacune à son tour, de tonnerre, et destinées à recevoir les charges. Ce canon, C, est commun à tous les tonnerres et s'y adapte toujours très-exactement. Lorsqu'on relève le chien, D, au premier cran de la noix, le tambour accomplit sa révolution, et chaque chambre vient présenter successivement son orifice à la tranche postérieure du canon. Le départ du chien a lieu à l'instant précis où les axes des deux tubes sont dans le prolongement l'un de l'autre.

Comme détails accessoires constituant l'originalité de l'arme, nous signalerons les creux et les reliefs existant à l'arrière du tambour, et le levier articulé placé le long du canon. C'est à la surface de ces parties creuses qu'aboutissent les cheminées, en communication parfaite avec les chambres. Ces reliefs ou mamelons ont pour objet d'empêcher la flamme des capsules de passer d'une cheminée à l'autre. Chacun d'eux est, en outre, surmonté en son milieu, d'une petite pointe, sur laquelle repose le chien, quand l'arme est chargée, au lieu de reposer sur les capsules, ce qui ne serait pas sans danger.

On peut à volonté se servir, avec le révolver Colt, de la balle sphérique ou de la balle cylindro-conique.

Il existe cinq modèles de ce pistolet, tous à cinq ou six coups. Ce sont : le pistolet d'arçon ou de cavalerie, à 6 coups ; le pistolet de ceinture, d'infanterie ou de marine, à 6 coups ; le pistolet de ceinture, un peu moins fort, à 5 coups ; le pistolet de poche, à 5 coups ; un autre pistolet de poche, de dimensions un peu moindres, à 5 coups. Le premier pèse environ 4 livres 1/2, le dernier, 1 livre 2/3 seulement.

Quoique bien supérieur à tous ceux qui l'avaient précédé, le révolver Colt est loin d'être sans défauts. En premier lieu, il est trop lourd. Sa batterie est très-compliquée, d'où résulte une grande difficulté pour le démonter et le remonter. Il rate assez souvent, parce que le chien ne s'abat pas assez vigoureusement. Le tambour est sujet à se déranger. Il est à révolution intermittente, en d'autres termes, il faut l'armer à chaque coup. Enfin, il est dangereux, conservé dans la poche ou à la ceinture, parce que le chien peut se relever sans qu'on appuie sur la détente, et retombant ensuite, faire partir le coup.

Dès que le révolver Colt fut importé en Europe, on s'ingénia à le perfectionner, et l'on vit paraître successivement les systèmes Adams-Deane, Comblain, Mangeot-Comblain, Loron, Lefaucheux et Le Mat. Comme tous ces systèmes reposent sur le même principe, nous ne les décrirons pas isolément. Nous dirons seulement que le *revolver Loron* se charge, non avec de la poudre, mais avec un fulminate dont l'inventeur conserve le secret : — que le *revolver Lefaucheux* se charge, comme les autres armes du même fabricant,

Louis Figuier

au moyen d'une cartouche à douille ; — et que le *revolver Le Mat*, le dernier en date, s'écarte un peu des sentiers battus, en ce qu'il est à la fois un pistolet ordinaire tirant à forte charge et à de grandes distances, et un revolver pouvant fournir sans interruption huit ou neuf coups à bout portant.

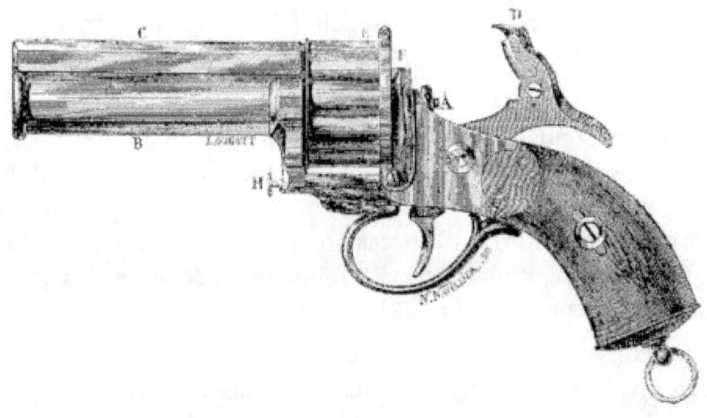

Fig. 381. — Revolver Le Mat.

En effet, dans ce dernier revolver, que représente la figure 381, la broche-mère, au lieu d'être courte et massive comme dans les revolvers ordinaires, est allongée et forée, de manière à constituer un canon central B, autour duquel sont disposés les tubes porte-cartouche E. Ce canon B, se charge par la culasse, d'après le système Lefaucheux ; mais il est tout d'une pièce, ce qui lui permet de supporter de très-fortes charges, comme un pistolet ordinaire. On découvre l'orifice postérieur du tonnerre en faisant tourner un obturateur A, qui se trouve fixé très-solidement lorsqu'on le remet en place après avoir chargé. Cet obturateur porte une petite tige destinée à recevoir le choc du chien D, et à le transmettre à la cartouche. Cette broche n'est pas visible sur le dessin ; elle est placée derrière la pièce F.

Le tube C, situé au-dessus du canon B, est le véritable canon du revolver. C'est devant ce tube que viennent se placer successivement les tubes porte-cartouches E, et c'est par son orifice que s'échappe la série des projectiles, lorsque l'arme fonctionne comme revolver, et non comme simple pistolet.

CHAPITRE VI

Le chien devant frapper en deux points différents, suivant qu'on veut faire partir les coups du revolver ou le coup central, la tête D est articulée ; elle porte une petite crête à charnière, au moyen de laquelle on peut lui donner la position convenable pour frapper l'une ou l'autre des deux cheminées.

Le pistolet Le Mat a rendu des services dans la dernière guerre d'Amérique, et, selon toutes probabilités, il y aurait avantage à en doter la cavalerie et les troupes de marine des autres nations.

En effet, le revolver n'a guère été, jusqu'à présent, qu'une arme de défense personnelle ; on ne lui a pas trouvé les qualités convenables pour lui faire prendre rang parmi les armes de guerre. Il figure en Amérique comme arme du soldat ; mais comme en ce pays, chaque citoyen prend les armes à l'occasion, il n'est pas facile d'indiquer la ligne de démarcation du service militaire, et de dire si le revolver est l'arme du particulier ou celle du soldat.

En France, le revolver Lefaucheux a été adopté pour la marine ; mais on n'a pas cru devoir en étendre l'usage à la cavalerie, qui ne possède encore aujourd'hui que le vieux pistolet d'arçon, arme tout à fait insuffisante, pour ne pas dire inutile. L'invention de M. Le Mat permettra peut-être de combler cette lacune.

On trouve dans le commerce, quoiqu'en petit nombre, des fusils et des carabines-revolvers des divers systèmes que nous avons énumérés. Mais ces armes, à cinq ou six coups tout au plus, sont bien distancées par celle dont nous allons parler.

Le 18 février 1861, nous assistâmes dans l'ancien tir Gastine, à l'essai d'une nouvelle carabine donnant ce prodigieux résultat, de tirer jusqu'à cinquante coups dans une minute. La justesse du tir n'est nullement compromise par cette inconcevable rapidité de succession des décharges, car dans les essais dont nous avons été témoin, une cible placée à cent mètres de distance, fut atteinte par presque toutes les balles. L'inventeur de cette arme nouvelle est un de nos compatriotes, M. Jarre, armurier, et *fils de maître*, comme on disait dans les corporations.

On a quelque peine à concevoir *a priori* le résultat que nous venons d'énoncer quant à la rapidité du tir. Une courte explication du mécanisme de cette arme va le faire comprendre.

Dans le revolver actuel, les tubes porte-cartouches sont disposés, comme nous l'avons expliqué, autour d'un cylindre qui tourne sur son axe et viennent successivement s'adapter à un même canon. Ces tubes ne peuvent guère dépasser le nombre de cinq ou six, car au delà de ce nombre le cylindre aurait de trop grandes dimensions et rendrait l'arme peu portative ; le revolver est ainsi limité à cinq ou six coups. M. Jarre a eu l'heureuse idée de disposer les tubes porte-cartouches sur une barre horizontale, et en même temps de séparer cette barre du canon.

Quand on veut tirer, on prend une de ces barres, préalablement armée de ses cartouches, et on la place en travers de la culasse, c'est-à-dire en croix avec le canon. Après chaque coup tiré, et par le mécanisme ordinaire du revolver, la barre chargée de cartouches avance d'un cran, et vient présenter une nouvelle capsule à l'abatage du chien. Cette barre étant déchargée, on la remplace par une nouvelle toute semblable. Comme chaque barre porte dix cartouches, et que l'on peut tirer facilement cinq de ces barres dans une minute, on voit que la carabine Jarre peut, comme nous le disions, tirer jusqu'à cinquante coups par minute.

Nous n'avons pas vu qu'on ait, jusqu'à présent, songé à tirer parti de l'arme inventée par M. Jarre ; nous avons cependant cru devoir en faire mention ici, à cause de l'originalité de la conception et de l'étrangeté presque paradoxale du résultat.

Nous terminerons la description des armes à feu portatives en parlant des mitrailleuses, le plus récent et l'un des plus terribles instruments de destruction imaginés par le génie de l'homme.

Nous parlerons de la *mitrailleuse belge*, de la *mitrailleuse française*, qui porta quelque temps le nom de *mitrailleuse de Meudon* et qui est désignée dans notre artillerie sous le nom de *canon à balles*, ensuite de la *mitrailleuse Montigny*, et enfin de la *mitrailleuse américaine*, dite mitrailleuse Catling. C'est le nom seul qui peut donner une idée de ces appareils fort simples dans leur manœuvre, mais qui ne sauraient être bien expliqués qu'avec l'aide de figures. Les dessins que nous mettons sous les yeux du lecteur, vont nous permettre d'expliquer ce mécanisme.

CHAPITRE VI

Fig. 382. — La mitrailleuse belge.

La *mitrailleuse* inventée en Belgique (fig. 382) et qui a été adoptée dans l'armée régulière de ce pays, se compose de 37 canons de fusil rayés, serrés les uns contre les autres, et enveloppés dans une gaine commune en fonte de fer, ce qui donne à l'ensemble l'apparence d'une pièce d'artillerie. La ressemblance est d'autant plus frappante, que la machine est montée sur un affût à roues.

Le projectile employé dans chaque canon de fusil est la balle conique. Pour charger la mitrailleuse, on introduit, à l'arrière de l'enveloppe de fonte, un disque portant 37 cartouches, qui correspondent très-exactement, chacune, aux orifices postérieurs des canons de fusil. Au moyen d'un levier à main, on approche du disque l'appareil à percussion, dont le choc contre les cartouches détermine aussitôt l'explosion de la poudre ; et les trente-sept coups partent simultanément, semant au loin le ravage et la mort.

Il suffit alors de substituer un second disque au premier, puis un troisième, un quatrième, etc., pour envoyer de nouvelles volées de mitraille. Ce disque se remplace huit fois dans l'espace d'une minute ; on peut donc tirer deux cent quatre-vingt-seize coups en une minute ! Un pareil chiffre n'a pas besoin de commentaires : il est assez éloquent par lui-même.

Louis Figuier

Les projectiles portent à 1 500 et même à 1 700 mètres ; mais on n'a pas encore de données bien certaines sur la justesse du tir. Il n'y a aucune raison pour qu'elle soit mauvaise ou imparfaite ; car chaque canon de fusil, pris isolément, possède, sous ce rapport, les meilleurs éléments de succès. Les balles, ayant chacune leur trajectoire propre, ne peuvent non plus se gêner depuis leur sortie de l'arme jusqu'à ce qu'elles aient touché le but.

Fig. 383. — Mitrailleuse française.

La mitrailleuse française (*fig.* 383) présente absolument l'aspect d'un canon, et justifie complètement son nom réglementaire de canon à balles. Il est monté comme un canon, seulement les essieux sont prolongés de chaque côté des flasques de l'affût pour recevoir deux caisses F, contenant la boîte à outils ou nécessaire d'arme, et une certaine quantité de boîtes de cartouches. L'affût porte à son extrémité inférieure un appareil spécial, marqué G sur la figure, qui est destiné à enlever les culots métalliques des cartouches qui restent dans la culasse mobile après l'explosion de celles-ci, comme dans les fusils dits *à tabatière*. Pour obtenir cette expulsion des culots, le servant renverse le porte-cartouches ou culasse mobile I sur le mandrin G disposé à cet effet, et avec l'étrier H qu'il renverse, il appuie sur cette culasse, ce qui fait sauter les vingt culots d'un

CHAPITRE VI

seul coup.

La culasse est alors posée en I par l'autre servant sur le trépied placé à côté de l'affût, et ce même servant renverse sur elle une boîte de cartouches disposées de façon à se placer immédiatement dans les trous de cette culasse. Il peut alors la passer au troisième servant ou pointeur qui l'introduit dans l'âme A prête à fonctionner.

Donc, trois mouvements bien distincts : 1° chargement de la culasse mobile C' ; 2° placement de celle-ci dans l'âme de la pièce, et enfin, 3° passage de cette culasse sur le mandrin G, afin d'en retirer les culots métalliques.

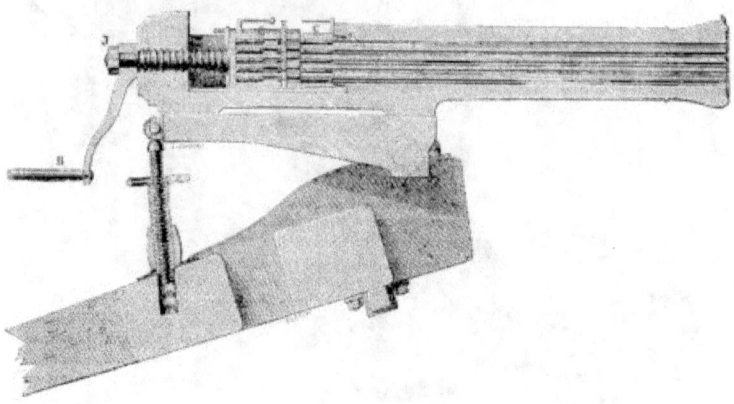

Fig. 384. — Coupe de la mitrailleuse française.

La figure 384, qui donne une coupe de la mitrailleuse française fait comprendre le procédé pour armer et faire partir les aiguilles.

Une culasse fixe, C, porte les 20 aiguilles chassées par des ressorts à boudins ; elle est rendue solidaire d'une forte vis de pression J que le troisième servant manœuvre à l'aide d'une manivelle B, pour reculer ou avancer cette culasse, qui glisse à frottement doux sur le fond de l'âme A. Lorsqu'on veut armer ou reculer cette culasse, on fait avancer une plaque E, mobile dans le sens transversal, à l'aide d'une vis dont on voit en B (fig. 383) la manivelle, sur le côté de la pièce.

Louis Figuier

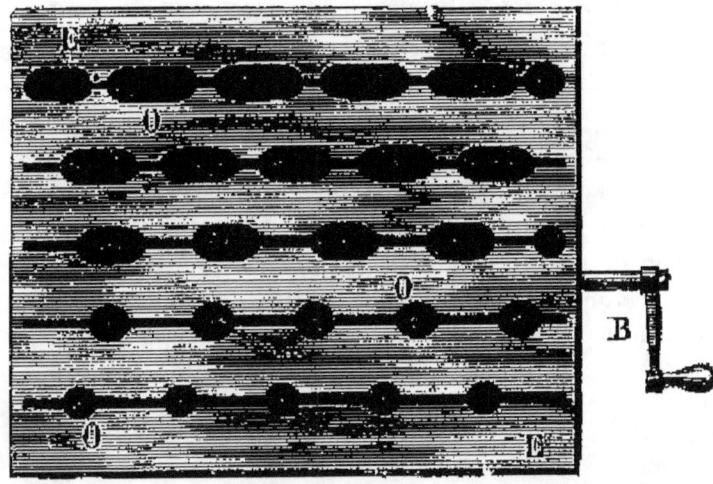

Fig. 384 bis. — Plaque de détente de la mitrailleuse française.

Nous donnons ici (*fig.* 384 bis) le détail de cette plaque. Elle est percée d'ouvertures cylindriques O, séparées par des fentes horizontales. Or, lorsque cette plaque de détente est poussée jusqu'au bout et le porte-cartouches en place, on avance la culasse fixe et on serre fortement avec la vis J. Les aiguilles rencontrant, dans cette position, les fentes, et ne pouvant passer, sont forcées de reculer en comprimant les ressorts à boudins.

La mitrailleuse se trouve ainsi armée et prête à fonctionner. Le servant tourne alors la petite manivelle B en sens inverse, et ramène la plaque de détente qui vient présenter successivement ses ouvertures cylindriques O devant chaque aiguille. Celles-ci s'échappent alors rapidement sous l'effort des ressorts qui les poussent et viennent frapper la capsule qui se trouve logée dans le culot de chaque cartouche ; d'où l'explosion de cette dernière. Le corps même de la pièce présente 20 canons rayés qui sont analogues à celui du fusil chassepot.

Rien n'est plus simple, on le voit, que le mécanisme de la mitrailleuse française ; seulement elle nécessite un ajustage aussi parfait que celui d'une pièce d'horlogerie, et par conséquent elle peut se déranger aisément dans un service précipité et continuel. La culasse mobile ou porte-cartouches C′ porte deux goujons *cc* qui servent à guider le servant dans le placement exact de cette pièce importante, lors du chargement dans l'âme.

Des crochets J, placés de chaque côté de l'affût, portent pendant le service des culasses de rechange, et une boîte E contient une culasse fixe pour pouvoir remplacer celle qui viendrait à perdre ses aiguilles par suite de rupture d'un ou de plusieurs ressorts.

Un volant C manœuvre une vis de pointage, et un autre volant, D, en manœuvre un autre horizontal servant à écarter le tir pendant l'action de la mitrailleuse. La pièce porte en outre une hausse mobile et une mire pour pointer exactement. La pièce principale est donc la plaque E, qui sert à armer et désarmer aussi vite qu'on veut. Les aiguilles partent successivement suivant que l'écartement entre les ouvertures cylindriques est plus ou moins grand, aussi les coups sont-ils successifs et non simultanés.

Fig. 385. — Vue perspective de la mitrailleuse Montigny, mitrailleuse blindée.

La *mitrailleuse Montigny* (*fig.* 385) est à bien peu de chose près basée sur le même principe que la mitrailleuse française. La grande différence consiste d'abord en ce qu'elle lance 37 balles au lieu de

20, et que les mouvements d'armement et de désarmement sont produits par des leviers au lieu de vis, enfin en ce que la plaque de détente est pleine et non percée de trous comme celle de la mitrailleuse de Meudon.

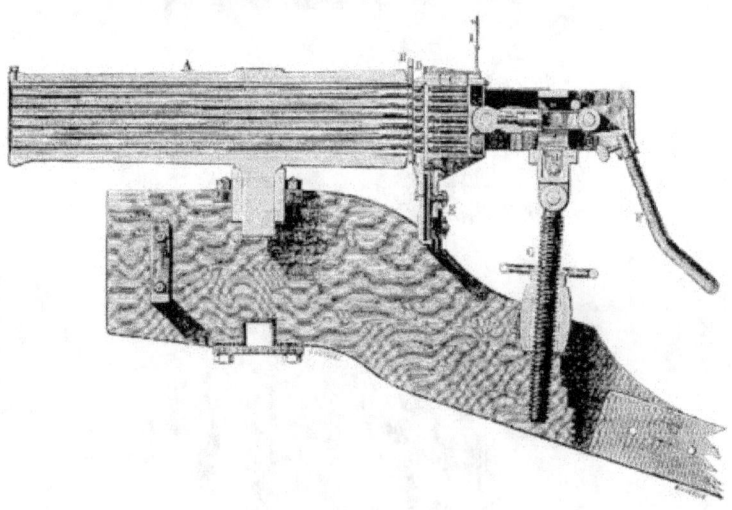

Fig. 386. — Coupe longitudinale de la mitrailleuse Montigny.

La figure 386, qui donne une coupe longitudinale de cet appareil, montre la manière dont on procède au chargement. On recule la culasse fixe C, en relevant le levier F. On place alors la plaque porte-cartouches B et on remonte de bas en haut la plaque de détente D au moyen du levier E. On rapproche ensuite le culasse fixe qui comprime la pièce D, assez fortement pour forcer les aiguilles à rentrer en comprimant les ressorts à boudin. Dans cet état il suffit de relever plus ou moins vite ou lentement le levier E pour que la plaque de détente en s'abaissant découvre les aiguilles, et en les laissant échapper détermine l'enflammation des capsules et par suite l'explosion des cartouches. Une autre pièce fixe placée entre le porte-cartouches et la plaque de détente, contient des rondelles destinées à amortir le choc du talon des aiguilles. Une vis de pointage est manœuvrée par un volant G, et une autre horizontale par la manivelle H. Cette dernière sert comme dans la mitrailleuse de Meudon à donner aux projectiles une plus grande surface à frapper.

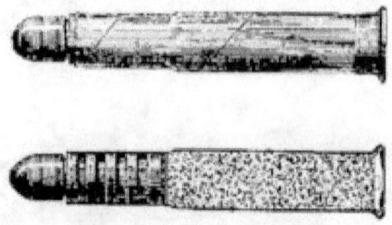

Fig. 386 *bis.* — Cartouches Montigny.

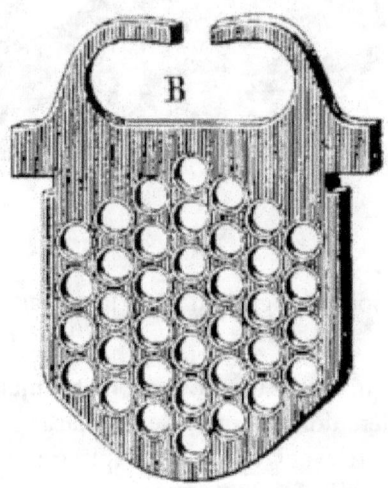

Fig. 386 ter. — Porte-cartouches Montigny.

Nous représentons à part (*fig.* 386 *bis* et 386 *ter*) les cartouches et le porte-cartouches Montigny. Des caisses, A, contiennent les outils, et les boîtes à cartouches C, toutes disposées à l'avance, et deux culasses fixes au cas de rupture de cette partie. Cette machine est en outre blindée et fonctionne comme à travers une meurtrière. Des porte-cartouches de rechange sont accrochés après la tôle du blindage. Les coups sont, dans cette mitrailleuse, successifs comme dans la précédente.

Louis Figuier

Fig. 388. — Mitrailleuse américaine.

La *mitrailleuse américaine* ou *mitrailleuse Catling*, que nous représentons dans son ensemble (*fig.* 388), est fondée sur un autre principe que les mitrailleuses française et belge. Elle donne un feu continu, tant qu'on peut mettre des cartouches sur un plan incliné H qui les conduit dans le distributeur N. Cette machine n'affecte plus la forme d'un canon, elle est composée de 6 très-forts canons de fusil, qui projettent des balles d'un très-fort diamètre.

Deux servants suffisent pour la manœuvre de cette pièce : 1° un qui pose sans cesse des cartouches sur le plan incliné, et un autre qui tourne une manivelle L, commandant un engrenage conique qui fait tourner tout le système du mécanisme.

Ce mécanisme consiste en un double excentrique c_1 (*fig.* 387), dont une courbe G, est chargée de pousser la cartouche dans les canons, tandis que l'autre c_2 arme les aiguilles et les laisse échapper au moment convenable. Ainsi le taquet b (*fig.* 388 *bis*, coupe du porte-aiguille) est saisi par la naissance de la courbe hélicoïdale de l'excentrique et repoussé en arrière à mesure que ladite courbe se développe en tournant.

CHAPITRE VI

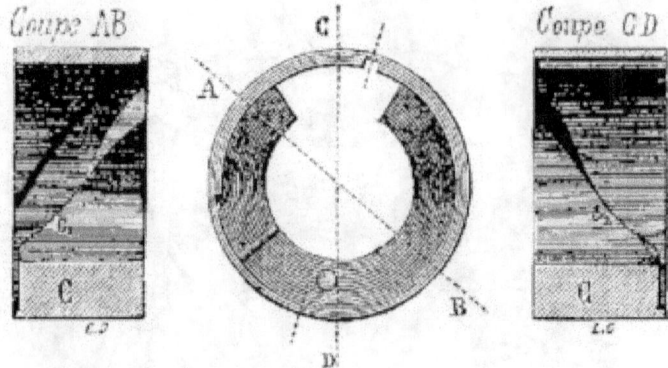

Fig. 387. — Excentrique de détente de la mitrailleuse Catling.

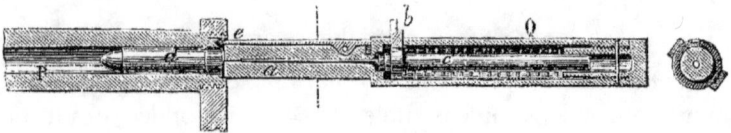

Fig. 388 bis. — Mécanisme du porte-aiguille de la mitrailleuse Catling.

Le ressort renfermé dans le cylindre Q se comprime, et lorsqu'il est complètement bandé, le taquet *b* rencontre brusquement une rupture de la courbe *c* (fig. 387, coupe de l'excentrique) qui le laisse échapper et, par conséquent, l'aiguille *a* vient frapper la cartouche *a*. Un crochet *c* est venu prendre le bourrelet du culot métallique, et au moment où la seconde courbe qui d'un côté pousse une autre cartouche dans un autre canon revient sur elle-même par suite du mouvement rotatif, il recule avec le porte-aiguille et retire ainsi le culot à chaque coup. Celui-ci tombe au fur et à mesure que les coups sont partis sur un plan incliné G ou gouttière qui le conduit au dehors.

La figure 389 donne une coupe de la mitrailleuse Catling. Voici comment fonctionne l'ensemble du mécanisme.

Louis Figuier

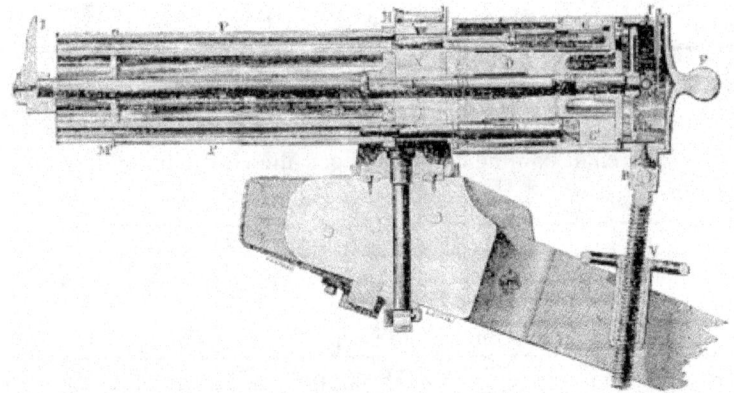

Fig. 389. — Coupe de la mitrailleuse Catling.

L'axe K entraîné par l'engrenage J fait tourner le distributeur N, dont les cannelures reçoivent en passant devant le plan incliné H une cartouche et les conduit successivement devant l'orifice des canons P.

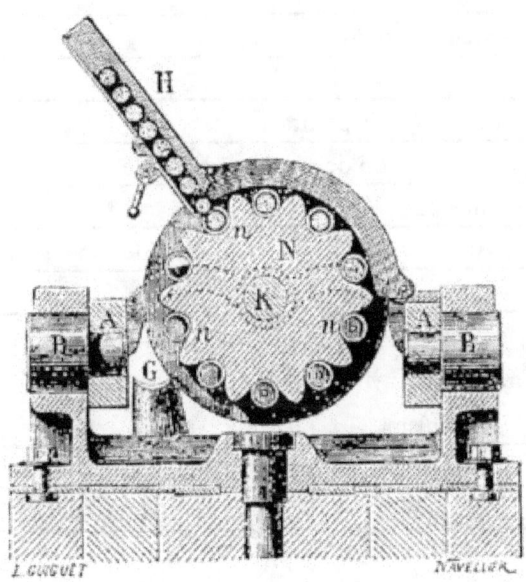

Fig. 389 bis. — Cylindre distributeur de la mitrailleuse Catling.

CHAPITRE VI

106

Voici la légende explicative des figures 389 et 389 bis.

A,	châssis supportant tout le système.
B,	tourillons sur lesquels tourne la pièce pour le pointage qui se fait comme d'habitude par une vis manœuvrée par son volant, à main.
C,	excentrique à double courbure, l'une pour conduire les cartouches dans les canons et retirer les culots après le feu, et l'autre pour armer les aiguilles et les laisser partir.
E,	trous des boulons qui fixent un chapeau en tôle recouvrant tout le mécanisme pour le garantir de la pluie.
F,	bouton de culasse.
G,	gouttière recevant les culots retirés après l'explosion de la cartouche, et les expulsant au dehors.
H,	plan incliné sur lequel sont placées les cartouches qui doivent entrer dans l'appareil.
J,	engrenage conique.
I',	mire.
I,	guidon pour le pointage.
H,	axe de rotation de tout le système, le canon restant fixe.
L,	manivelle.
MM',	disque fixe dans lequel est encadré le tube de canon.
N,	cylindre distributeur.
O,	demi-partie cylindrique fixe formant, avec le chapeau mobile, un cylindre complet dans lequel est enfermé tout le mécanisme.
P,	canon.
QQ',	cylindres dans lesquels sont contenues les aiguilles.

Avec la description des mitrailleuses nous terminons la tâche que nous avions entreprise, de faire connaître à nos lecteurs

Louis Figuier

toute la série des inventions modernes relatives aux armes à feu portatives. On a vu suffisamment par les résultats que nous avons fait connaître, la prodigieuse puissance qu'ont reçu de nos jours les agents de destruction. Bien des personnes s'imaginent, cette assertion est devenue banale à force d'être répétée, que la perfection acquise aujourd'hui aux divers moyens de destruction, rend la guerre désormais impossible ; que les mitrailleuses, les canons rayés et les fusils à aiguille, par leur puissance même, sont appelés à supprimer les batailles et à devenir ainsi les instruments les plus directs de pacification universelle. Nous ne partageons pas cet optimisme. La guerre nous apparaît comme un état inévitable et fatal dans les sociétés humaines. Pour la bannir, il faudrait arracher à l'homme ses passions, ses convoitises, et le fond des mauvais instincts qui le dominent. Née à l'origine des sociétés, la guerre ne disparaîtra sans doute qu'avec elles. Il ne faut donc pas se bercer d'espérances auxquelles un passé trop récent et trop funeste, et l'avenir donneraient peut-être de cruels et sanglants démentis.

On ne doit pas, d'ailleurs, apprécier seulement la guerre par les victimes qu'elle moissonne ; il faut la voir par son côté moral, qu'on ne peut lui dénier. La guerre est, dans bien des cas, le salut des empires, le moyen de sauver un pays des brutales attaques de dangereux voisins. Elle est donc ainsi nécessaire à la sécurité de l'individu, de la famille, de la patrie. La guerre est encore, dans bien des cas, le seul moyen de régénérer un peuple endormi dans une indolence funeste, prêt à s'abandonner lui-même, abruti par un long abus des jouissances matérielles et par la servitude. Avec son admirable discipline et ses mâles vertus, avec son sentiment profond de l'honneur, sentiment qui est chez elle exquis et raffiné, l'armée est partout la meilleure école de l'homme ; c'est l'asile des grandes qualités morales, de la loyauté, de l'abnégation, de l'obéissance, sans parler du courage. Ne prêtez donc pas, lecteurs, une oreille trop complaisante aux philanthropes à courtes vues, qui vous annoncent la suppression des armées, et la fin prochaine de l'état de guerre dans le monde civilisé.

Non, la guerre ne disparaîtra pas à la suite du perfectionnement des moyens de destruction. Seulement, l'armement moderne conduira à changer profondément l'ancienne tactique des batailles. Les engagements devant être infiniment plus meurtriers qu'autrefois, il

CHAPITRE VI

faudra adopter des manœuvres spéciales pour se mettre à l'abri de leurs redoutables effets. De même qu'au XVIe siècle, la création de l'artillerie lançant des boulets de fer, obligea de transformer tout le système de fortification des places, de même les nouveaux fusils à longue portée et à tir rapide, conduiront à changer les manœuvres de troupes. C'est dans cette direction que la science militaire travaille aujourd'hui chez tous les peuples.

Entre l'ancien fusil de munition et le fusil rayé à aiguille, il y a, sous le rapport des effets meurtriers, une distance effrayante, et dont les chiffres vont nous donner la mesure exacte. Au temps de Louis XIV, le fusil de munition était si impuissant que Vauban avait calculé, d'après des relevés dignes de foi, que pour tuer un homme dans une bataille, il fallait dépenser un poids de projectiles de plomb égal au poids de l'homme lui-même. Pendant les guerres de la République et du premier Empire, le fusil de munition étant le même que du temps de Louis XIV, la proportion n'avait pas changé. Redoutables à bout portant, les feux de mousqueterie étaient méprisables dans leur ensemble. Avec son canon lisse et ses balles sphériques, le tir du fusil était plus qu'incertain. À 200 ou 300 mètres, les feux de peloton allaient ensevelir leurs balles dans la poussière, aux pieds de l'ennemi, ou voler, inoffensifs, sur sa tête. Le colonel Piobert et le major Decker, calculant sur des relevés authentiques des hommes mis hors de combat, et sur le nombre des cartouches fournies par les arsenaux et brûlées durant les guerres de la République et du premier Empire, ont trouvé qu'il avait fallu *dix mille coups de fusil pour tuer un homme*. Ainsi la proportion des hommes tués sous le premier Empire était plus faible encore qu'au temps de Vauban. Ces conditions, nous n'avons pas besoin de le dire, sont étrangement changées aujourd'hui : il y a un abîme entre l'énergie des effets des deux armes que nous considérons. La précision acquise désormais au tir des armes portatives, la prodigieuse rapidité avec laquelle leurs coups se succèdent, la distance considérable à laquelle les engagements peuvent commencer, tout cela est appelé à bouleverser, à révolutionner l'ancienne tactique, à introduire les modifications les plus profondes dans les manœuvres et la stratégie.

Voilà ce qu'il faut se dire, au lieu de s'endormir dans une confiance béate, en répétant l'axiome consolant, mais faux, que la guerre sera

Louis Figuier

supprimée par les progrès des engins meurtriers de l'artillerie moderne.

CHAPITRE VI

ISBN : 978-1533416551

www.ingramcontent.com/pod-product-compliance
Lightning Source LLC
Chambersburg PA
CBHW070325190526
45169CB00005B/1749

* 9 7 8 1 5 3 3 4 1 6 5 5 1 *